L A   V I E

DIFFÉRENTES MANIÈRES

DE LA CONCEVOIR ET DE L'EXPLIQUER

Orléans, imp. de G. JACOB, cloître Saint-Étienne, 4.

LA VIE

DIFFÉRENTES MANIÈRES

DE LA CONCEVOIR ET DE L'EXPLIQUER

PAR

LE DOCTEUR DEBROU

ORLÉANS

H. HERLUISON, LIBRAIRE-ÉDITEUR

17, Rue Jeanne-d'Arc, 17

1869

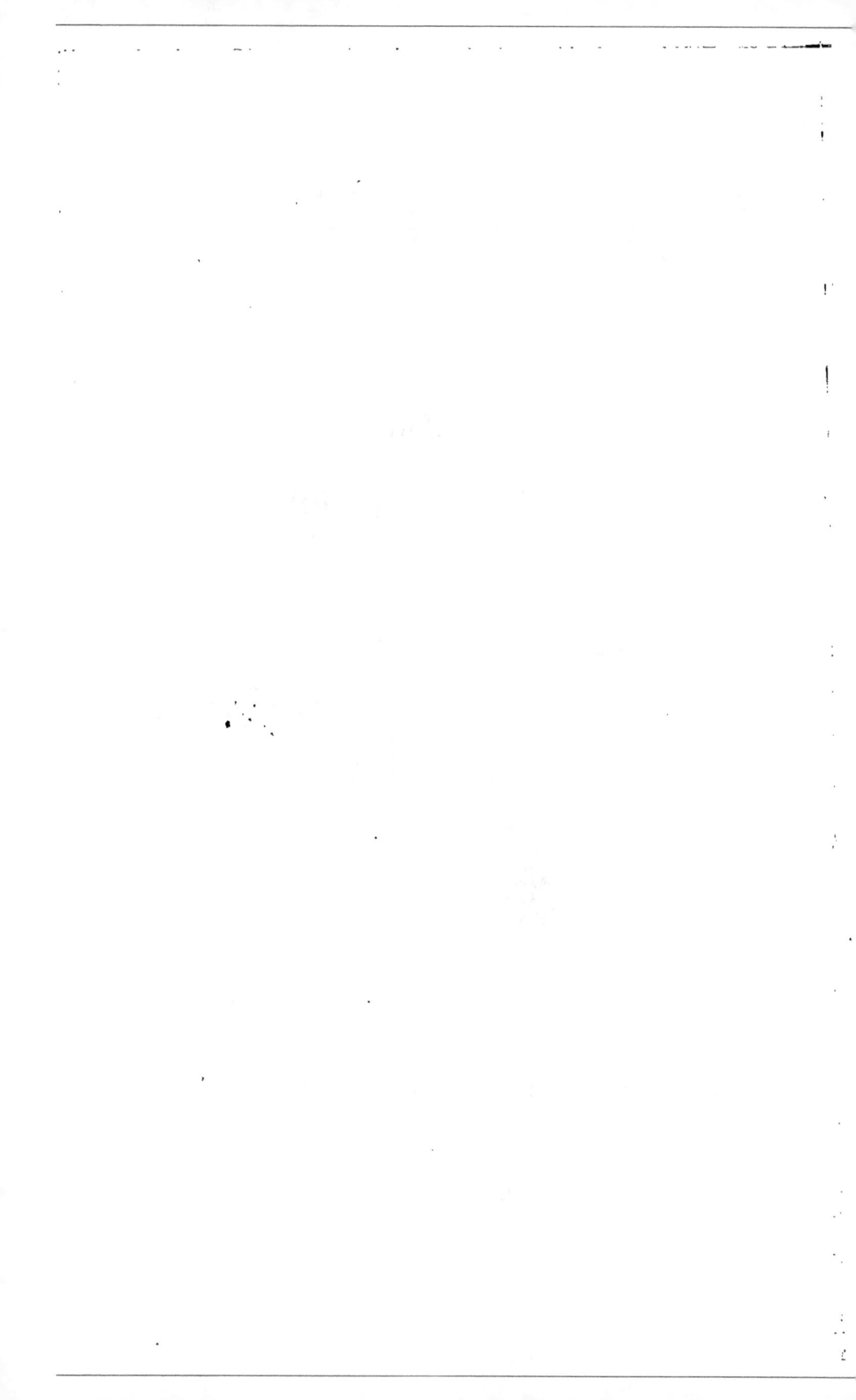

LETTRE D'ENVOI

A MON FILS, AVOCAT

MON CHER PAUL,

L'un et l'autre nous nous occupons de l'homme à des points de vue divers. Lorsque j'essaie de relever ou de maintenir la santé du corps, je rencontre l'esprit, qui est associé à nos organes, et qui trouve en eux tantôt un secours, tantôt une entrave. Pour étudier et connaître la loi, tu admets la liberté morale, qui est la source de la responsabilité; puis, au-dessous de cette région sereine, domaine de l'esprit pur, tu regardes les passions, dont l'influence trouble ou altère la notion des droits et des devoirs. Chacun de nous fait un pas en sens inverse. Je monte vers l'âme pour agir sur le corps; tu descends vers le corps pour savoir quelle part il a prise à l'action morale, ou même pour le punir, car la loi atteint le corps, qui est le compagnon toujours, le complice souvent, de la volonté coupable. Tous les deux nous parcourons une chaîne dont les anneaux se soudent pour constituer l'homme : à une extrémité sont les organes, à l'autre l'esprit; et le cœur, qui contient l'affection et la passion, et par cela même participe du corps et de l'âme, représente la jonction et le point où se touchent les deux parties de notre nature. C'est en ce point aussi que nos deux études, en apparence si séparées, se réunissent, et voilà pourquoi j'ai eu l'idée de t'adresser les pages qui suivent.

Tu y trouveras le souvenir et le résumé de nos causeries. Je les mets avec plaisir sous les auspices de ton amitié.

T. D.

Orléans, 1er février 1869.

LA VIE

—

DIFFÉRENTES MANIÈRES

DE LA CONCEVOIR ET DE L'EXPLIQUER

PREMIÈRE PARTIE

—

I

La question de la vie n'importe pas seulement à l'étude du monde
organisé. Elle touche à la Psychologie.

En voulant établir une séparation absolue entre
l'âme et le corps, entre « ce qui pense » et « ce
qui est étendu, » Descartes, qui fut le fondateur
de la philosophie moderne, préparait de grands

embarras à ses successeurs. Ces embarras, toutefois, quoique déjà entrevus de son temps, furent
oubliés bientôt, même pendant tout le XVIII⁰ siècle, et pour se faire une idée de leur oubli, il suffit de se rappeler la renaissance du cartésianisme,
accomplie en France par Maine de Biran, Royer-
Collard, Cousin, Jouffroy. Tout paraissait accepté
alors dans la doctrine du maître. On laissait
de côté l'automatisme des bêtes, comme une
question peu importante; mais dans l'homme,
on maintenait entre l'esprit et le corps une séparation telle, que l'on traçait une limite infranchissable entre les faits de la conscience et ceux
de la sensibilité, entre la psychologie et la
physiologie, croyant que tout serait perdu si
l'on essayait de réunir ces deux sciences, ou
même de leur faire se prêter un mutuel secours.
La préface de Jouffroy à sa traduction des *Es-
quisses de Philosophie morale* de Dugald Ste-
wart (1826) fut un manifeste célèbre de cette
séparation; et, vingt ans plus tard, le traducteur
d'Aristote, M. Barthélemy Saint-Hilaire, se ralliait
avec résolution à la même croyance. « La psycho-

logie, dit-il, renfermée dans l'observation de la conscience, se sait parfaitement indépendante. Si on croit, en lui offrant un secours (celui de la physiologie), que ce secours lui est indispensable, on se trompe. La physiologie est bien récente; elle ne devrait pas l'oublier; la psychologie, au contraire, est bien vieille; elle a fait sa route longtemps avant que sa prétendue sœur ne fût née (1). » Cette dernière assertion est une erreur facile à corriger avec les traductions de M. Barthélemy Saint-Hilaire lui-même. Outre que les écrits d'Hippocrate, qui est un peu antérieur à Platon, contiennent de nombreuses connaissances physiologiques, Aristote a cultivé avec un succès égal la physiologie et la psychologie. Le *Traité de l'âme* en est la démonstration éclatante.

Pendant longtemps, le cartésianisme eut donc chez nous une adhésion entière, et ne rencontra d'opposition que parmi les partisans de Cabanis et de Broussais, qui avaient poussé jusqu'à ses li-

(1) *Traité de l'âme*, d'Aristote, traduction par M. Barthélemy Saint-Hilaire, 1846, préface, p. 103.

mites, c'est-à-dire jusqu'au matérialisme, la philosophie de la sensation. Il n'en est plus de même
aujourd'hui. Tous les disciples de Descartes reconnaissent la nécessité d'élargir sa doctrine.
Les plus réservés s'expriment ainsi : « Se représenter le moi comme un pur esprit, vivant
d'une vie tout interne, enfermé en soi dans une
solitude profonde, sans lien naturel avec le corps
et avec la nature, était une erreur capitale de la
philosophie cartésienne (1). » D'autres, qui ont
étudié avec plus de zèle que de profondeur la
question de la vie, ont retiré de leur commerce
avec la biologie cette conclusion : que non-seule-
ment l'esprit agit sur le corps, mais que c'est
l'âme pensante qui fait vivre le corps et l'anime (2).

En même temps que des métaphysiciens s'oc-
cupaient ainsi de la vie, essayant de la diriger
suivant une coutume ancienne, s'élevait et gran-
dissait une école actuellement célèbre sous le
nom de *philosophie positive,* qui jetait un trouble
bien autrement profond dans l'histoire du passé.

(1) Émile Saisset.
(2) M. Tissot, M. Franc. Bouillier.

Pour indiquer d'un mot sa hardiesse, cette philosophie supprime la métaphysique et nie l'existence indépendante de l'âme. Ses partisans, dont quelques-uns sont des savants remarquables, diffèrent notablement des matérialistes ordinaires. Ils ne nient pas les facultés de notre esprit ni l'existence de la vie elle-même. Dans le cadre complet qu'ils ont tracé des connaissances humaines, la biologie occupe une place importante ; mais ils affirment que tout ce qui a lieu dans les êtres vivants est le produit des propriétés organiques ; que, dans l'homme, qui est le plus élevé de ces êtres, la pensée, l'esprit et la raison sont l'effet de l'activité du cerveau. De façon que, pour eux, la psychologie est comme un chapitre de la biologie. C'est une conclusion diamétralement opposée à celle de Descartes. Pour lui, il n'existe que l'esprit et de la matière ; la vie n'est pas. Pour eux, l'esprit n'existe pas comme substance ; la vie, ou pour mieux dire, la matière organisée est tout, et c'est elle qui, par le moyen de quelques-unes de ses propriétés, fait naître la pensée. Il n'y a donc plus opposition entre

« ce qui pense » et « ce qui est étendu, » puisque
c'est une certaine matière qui produit la pensée.

Ainsi, l'on découvre déjà, dans la manière de
concevoir la vie, trois opinions complètement
opposées entre elles. La vie elle-même n'existe
pas à titre de chose spéciale; ou elle est une
sorte de prolongement et d'expansion de l'âme
raisonnable; ou bien, c'est la vie elle-même qui
produit l'intelligence et la raison.

Ces trois opinions ne sont pas les seules que
l'on rencontre dans l'histoire des conceptions de
la vie, et toutes, quelles qu'elles soient, ont été
mêlées aux théories sur l'esprit humain. Peut-
être à cause de l'extrême influence qu'a eue la
première doctrine proposée, peut-être et plutôt
parce que nous voyons constamment la vie présente à côté de la raison et sa compagne inséparable, les deux questions de la vie et de la
pensée ont été rapprochées dans tous les temps,
et il serait impossible, depuis Aristote, de faire
l'histoire de l'une sans toucher au domaine de
l'autre. Au commencement et ensuite durant de
longs siècles, la métaphysique, qui était plus

avancée que l'histoire naturelle, et qui d'ailleurs aimait se donner la tâche d'expliquer toutes choses, a gouverné l'étude de la vie, en lui imprimant son cachet et sa méthode. Ce n'est que lentement, après des efforts sans nombre, que la physique et les sciences naturelles ont pu se débarrasser de sa tutelle. Mais aujourd'hui, elles sont arrivées à un tel point de développement et d'indépendance, qu'à leur tour elles se sont créé une philosophie propre. Il faut dire même qu'après s'être défaites de leurs entraves, elles n'ont su mettre aucune limite à leurs espérances ou à leurs prétentions, et que l'une d'elles, la biologie, se propose et promet d'expliquer l'homme dans sa double nature physique et morale.

Qu'est donc la vie de l'homme? Doit-elle être confondue avec son intelligence et sa raison? Y eut-il jamais problème plus difficile et plus grand? Tant de fois exposé et résolu en des sens divers, il semble lasser et à la fois dépasser la raison humaine. Pour les uns, qui regardent en haut, l'homme a reçu du ciel une flamme qui se mêle aux éléments de la terre où ses pieds reposent. Pour les autres, il est un produit du sol, différant des autres choses créées par le degré de sa perfection, non par son essence. Et il est si difficile d'être rassasié de preuves en un tel sujet, qu'un invincible souffle ébranle et renverse chaque jour la conclusion trouvée. Le problème reste toujours debout, allant de la métaphysique à la science, et de la science à la métaphysique, remplissant l'esprit de désirs, de doutes et de l'âpre ardeur d'une recherche nouvelle. Notre but ici ne saurait être de découvrir la vérité. Nous voudrions simplement marquer quelques-uns des chemins par où a passé la question. Témoin des récentes variations que subissent les théories de l'âme et de la vie, variations qui sont un point dans leur histoire, nous voudrions rassembler quelques-uns des traits de cette histoire elle-même.

II

Premiers essais de la philosophie grecque sur la manière
d'expliquer la vie et la pensée.

Il est difficile de se faire une idée exacte de
la doctrine des premiers philosophes grecs sur
l'âme et sur la vie. Aucun des écrits antérieurs
à l'école socratique n'est parvenu en entier jusqu'à nous, et nous n'avons pour y suppléer que
des fragments conservés dans d'autres ouvrages
postérieurs, ou bien les opinions attribuées aux
premiers philosophes par ceux qui les ont suivis.
On entrevoit cependant dans leurs conceptions
trois pensées principales : que l'homme est une
représentation abrégée de l'univers; que la vie
et la raison dont il est doué dépendent d'une

même cause ; que cette cause doit être l'un des éléments qui existent dans la nature. L'un de nos meilleurs guides pour connaître les opinions émises sur ce sujet est l'exposé des définitions de l'âme qu'a donné Aristote, au premier livre de son *Traité de l'âme*. Suivant cet exposé, Démocrite et Leucippe regardaient l'âme comme un *feu,* composé de corpuscules flottant dans l'air, et capables de communiquer à toutes choses le mouvement dont ils sont doués. Empédocle croit que l'âme vient des *Éléments,* et même que chaque élément est une âme distincte. Diogène d'Apollonie assimile l'âme à l'*air*, qui est le principe de tout, et dont les particules sont très-ténues. Pour Hippon, elle est semblable à l'*eau,* origine de la semence. Pour Critias, elle se confond avec le *sang,* source de la vie et de la sensibilité. Thalès la croit la cause du *mouvement,* et, pour ce motif, attribue une âme à l'aimant, qui attire le fer. D'autres ont dit que c'était une *harmonie,* d'autres un *nombre.* Anaxagore admet que l'*intelligence* est le principe de toutes choses, qu'elle est simple, pure, qu'elle meut tout et con-

naît tout. — A l'aide de ces définitions et d'autres
encore, il est difficile de savoir exactement ce que
croyaient les premiers philosophes. Il faut d'ailleurs, pour les comprendre, se rappeler que
l'homme n'était pas pour eux un être isolé dans
la création, et que l'explication de sa nature faisait partie d'une théorie générale du monde. Or
il semble, ainsi que l'a fait remarquer Aristote,
qu'ils aient été frappés surtout, pour définir la
vie, des deux qualités principales que possèdent
l'homme et les animaux supérieurs, savoir le
mouvement et la sensibilité. Et ils ont choisi
alors ceux des éléments naturels qui leur pa-
raissaient le plus capables de produire ces effets.
De préférence, ils ont adopté dans les éléments
ceux qui sont nécessaires à l'entretien de la vie :
l'eau, la chaleur, le sang, et par-dessus tout
l'air (1). Rien n'est considérable comme le rôle

(1) « En adoptant des expressions conformes à leurs théories, les uns ont dit que l'âme est le chaud, parce que c'est
aussi par là qu'on désigne la vie ; d'autres ont dit qu'elle est
le froid, et l'âme est ainsi nommée à cause du refroidissement
que la respiration donne au corps. » (Aristote, *Traité de
l'âme,* liv. 1, 4.)

de l'air dans la philosophie ancienne. En particulier, rien n'est mieux établi que son importance pour la vie. Des vers prétendus Orphiques
disent que « l'âme vient de l'univers et pénètre
dans les animaux quand ils respirent, apportée
par les vents (1). » On attribue à Praxagore cette
pensée : « La respiration sert à fortifier l'âme (2). »

S'il est utile, pour comprendre la définition
de l'âme par les anciens, de se placer au point
de vue de leur philosophie générale, il ne l'est
pas moins, pour saisir un des motifs qui les a
portés à confondre la cause de la vie avec celle
de la pensée, de se rappeler quel était le champ
de leurs études. Ils étudiaient la nature entière
et essayaient de remonter à l'origine des choses.
Naturalistes et physiciens, au sens vrai de ces
mots, ils recherchaient surtout les conditions de
la vie, et par suite celles de la santé et de la maladie, ce qui a fait dire à Aristote : « Les médecins instruits étudient la nature, et les naturalistes finissent presque toujours par étudier la

(1) Aristote, *Traité de l'âme*, liv. I.
(2) Galien. — Diogène de Laërte.

médecine (1). » Lorsque Pythagore, revenu de sa longue captivité dans la Babylonie, se fixa dans la grande Grèce, à Crotone, il y trouva une école de médecine florissante, dans laquelle on disséquait déjà des animaux (2). Et il est probable que lui-même y puisa des notions anatomiques et physiologiques, car on a de lui des opinions sur la grossesse et la vie de l'embryon. Alcméon admet que la santé résulte de l'équilibre entre les qualités élémentaires, qui sont le chaud, le froid, le sec, l'humide, le doux, l'amer, etc. Philolaüs, autre pythagoricien, reconnaît quatre organes principaux : le cerveau, le cœur, l'ombilic, les parties génitales ; à la tête appartient l'intelligence ; au cœur, l'âme sensible ; à l'ombilic, la nutrition ; aux parties génitales, l'engendrement. Le cerveau est le principe de l'homme, le nombril celui du végétal, le cœur celui de l'animal, les parties génitales celui de toutes choses (3).

(1) *Traité de la respiration.*
(2) Littré, *Introduction aux œuvres d'Hippocrate.*
(3) Id., *ib.*

On verra plus loin ces mêmes idées repro-
duites par Platon. Dans son traité de *la Respiration*, Aristote désigne Empédocle, Démocrite,
Anaxagore, Platon lui-même, comme des naturalistes. Démocrite, le plus savant des Grecs
avant Aristote, et universel comme lui, avait
écrit sur l'anatomie, la physiologie, la diététi-
que, les épidémies, la fièvre, les maladies con-
vulsives. Empédocle, Diogène d'Apollonie et
Anaxagore avaient disséqué des animaux (1).
Tous ces hommes étaient donc naturalistes en
même temps que philosophes, et on comprend ainsi qu'ils aient étudié l'homme dans
son ensemble, cultivant à la fois ce que nous
appelons aujourd'hui la biologie et la psychologie.

Nous ne voulons pas oublier cependant qu'il
y a eu plusieurs écoles dans la Grèce avant Socrate, et que tous les philosophes qui l'ont
précédé n'ont pas été des physiciens et des naturalistes. L'influence de Pythagore, véritable

(1) Littré, *Introduction aux œuvres d'Hippocrate.*

chef de l'école italique, commença à diriger les esprits vers la morale et l'entendement, qui devinrent ensuite la base de l'enseignement socratique. Nous avons eu en vue surtout les premiers efforts de la philosophie et de la pensée, et il est incontestable que les Ioniens et les Abdéritains, ou Atomistes, ont été des physiciens. Les Pythagoriciens eux-mêmes ont presque tous suivi la même direction dans leurs études.

Il semble qu'à l'origine, l'homme, en se contemplant au milieu du monde, s'est mêlé à l'univers; que bientôt il a transporté au dehors les attributs qu'il découvrait en lui, en même temps qu'il introduisait en lui-même les choses qu'il saisissait au dehors. Adoptant le mot âme, ψυχή, pour désigner la cause et le principe de sa vie et de ses actions, il a admis des âmes pour tous les grands faits de la nature, pour chaque astre, pour la nature entière, pour tout ce qui paraît se comporter en vue d'une fin. Puis, quand il a voulu définir l'âme, il a emprunté au monde matériel l'un de ses éléments.

A part le rôle accordé à l'intelligence par Anaxagore, comme agent d'organisation, ou à l'influence du nombre et de l'harmonie, dans l'école pythagoricienne, c'est l'eau, c'est l'air, c'est le feu qui engendrent l'âme. Une rapide observation avait montré l'importance de l'humidité et de la chaleur dans la végétation, de la chaleur et de l'air pour la vie animale, et l'on fut disposé à croire que l'un de ces éléments naturels était la cause de la vie. Tous les efforts de la théorie, ou les variations de théories entre les écoles, ont roulé sur la prédominance à accorder à l'un des éléments sur l'autre.

A la distance où nous nous trouvons de l'origine des conceptions que l'homme avait à créer, pour constituer la science et la connaissance, outre que nous ne sommes pas bien sûrs d'avoir compris les anciens, nous ne leur rendons pas suffisamment justice. Ce qui doit nous surprendre, ce n'est pas que leurs opinions soient devenues fausses devant la science moderne, c'est qu'ils aient aperçu et dérobé une part de la vérité au sphynx mystérieux du

monde. Sur bien des points, malgré leur ignorance des détails, ils ont pressenti les grandes
conclusions : par exemple, en ce qui concerne
l'importance du sang, qui est le réservoir de la
chaleur vitale, et l'importance de l'air, qui est
le moyen ou l'agent de la respiration. Leurs recherches sur ces deux sujets démontrent à la
fois leur persévérance et les tâtonnements qui
sont nécessaires pour arriver à une découverte
complète. Ils ont beaucoup fait pour déterminer
quelle est l'origine des vaisseaux où est ren-
fermé le sang. Tantôt ils les firent provenir du
cerveau, tantôt du cœur, tantôt du foie, selon
le siége où l'on fixait le centre de la chaleur et
de la vie. Aristote, qui a exposé longuement ces
opinions, prend parti pour le cœur, où il place
à la fois la chaleur et la sensation, dépossédant
de celle-ci la tête, et fournissant plus tard à
Galien l'occasion de dire que le grand Stagirite
« ne savait pas à quoi sert le cerveau. » Cette
recherche de l'origine des vaisseaux est vaine
sans aucun doute, mais elle témoignait du rôle
indispensable qu'il fallait attribuer au sang dans

la cause ou l'entretien de la vie. — Les anciens
ont mieux encore apprécié l'importance de l'air.
Diogène d'Apollonie, dans son traité *de la Nature* (1), avait admis que l'air est la cause de
l'intelligence, et que celle-ci a son siége dans
la *cavité pneumatique* du cœur (2), qu'il sup-
posait pleine d'air. Ainsi, à la différence des
Pythagoriciens et des Abdéritains, qui faisaient
résider l'intelligence dans la tête, où même,
pour quelques-uns, l'air allait l'engendrer, il la
localise dans le cœur, où, à sa suite, Aristote
fixa le *sensorium commune,* centre des sensations. D'autres, plus tard, ayant remarqué que
les veines contiennent du sang après la mort,
tandis que les artères ne renferment que de
l'air, admirent que les tuyaux artériels ont pour
usage de conduire l'air dans tout le corps. Puis,
comme l'air s'introduit en nous par deux portes, par les narines et par la bouche, on sup-
posa que celui qui suit la première voie va au

(1) Ouvrage perdu, dont Aristote et Plutarque ont conservé
des fragments.
(2) C'est le ventricule gauche ou artériel du cœur.

cerveau, « où il fortifie l'âme, » et que celui
qui suit la seconde parcourt les poumons, tra-
verse le cœur dans la cavité pneumatique, et
de là par l'artère aorte est envoyé dans le corps
entier. Dans ce parcours, outre qu'il « fortifie
l'âme et l'intelligence » à la tête, il refroidit le
sang dans le cœur, qui sans cela s'embraserait,
et distribue enfin à toutes les parties du corps
le principe de la vie dont elles ont besoin, c'est-
à-dire leur nourriture, parce que l'air est l'aliment de la vie, *pabulum vitæ*. Cette fausse
physiologie, qui n'avait pas été détruite par
Aristote, acquit plus tard une extrême faveur à
Alexandrie, sous l'influence d'Erasistrate, et ne
fut renversée qu'après la découverte de la circulation, au XVIIe siècle. Voilà des erreurs sans
doute ; mais, ici même, quoique se trompant
sur le mécanisme des choses, les anciens avaient
aperçu le but et la fin. Car, d'une part, l'air
est indispensable à la vie, et d'autre part,
s'il ne circule pas dans nos vaisseaux, un de
ses éléments, l'oxygène, se mêle au sang, et
roulant partout avec lui dans les artères, va

stimuler et entretenir la vie dans le corps
entier.

Plus on veut approfondir les idées des anciens, plus on acquiert la certitude qu'ils ont
mêlé et étudié ensemble l'âme et la vie, et qu'ils
ont été frappés avant tout des liens qui existent
entre l'esprit et le corps. Anaxagore, à qui on
attribue cette grande pensée : « Tout était confondu ; l'intelligence vint, qui établit l'harmonie (1), » ne s'est pas même séparé de cette
opinion, car dans son système, l'intelligence
dont jouit chaque être vivant et l'homme est
limitée par l'organisation à laquelle elle est unie.
Les livres de Platon sont imprégnés de physiologie, et indiquent l'influence du vin, des aliments sur l'esprit, de l'air et des climats sur
les mœurs. Même pour les philosophes qui ne
méconnaissent pas la nature spéciale de la raison et de l'intelligence, qui croient qu'elle est
une âme particulière, ou au moins une partie
spéciale de l'âme, pour tous enfin, l'âme et la

(1) Diogène de Laërte, liv. II, ch. III.

vie appartiennent ou à un même et unique principe, ou à des principes analogues.

On comprend alors comment les anciens ont été amenés, dans la formation des mots choisis pour désigner l'âme, à introduire la mention d'un acte physique. Le mot Ψυχή a pour racine Ψυχός, froid, ou Ψυξίς, réfrigération, par allusion au rôle que l'on faisait jouer à l'air dans la respiration, celui de rafraîchir le sang. *Anima* et *animus* viennent de ἄνεμος, qui signifie vent, et vient lui-même de la racine sanscrite *an*, respirer, d'où *anila*, souffle, vent. Plus tard, lorsque les Latins, qui se servaient principalement d'*animus* pour désigner l'âme raisonnable, ont employé *spiritus*, dont nous avons fait *esprit* et *spiritualisme*, ils ont imité les Grecs. C'est un acte de la vie qui sert de racine à tous ces mots, et cet acte est celui qui est le premier et le dernier de la vie, qui est presque la vie elle-même, puisque l'on dit « respirer, » pour « vivre. » On retrouve donc ici la trace de cette croyance innée qui a fait admettre, au début des conceptions, que « l'air est la cause de l'âme. »

2.

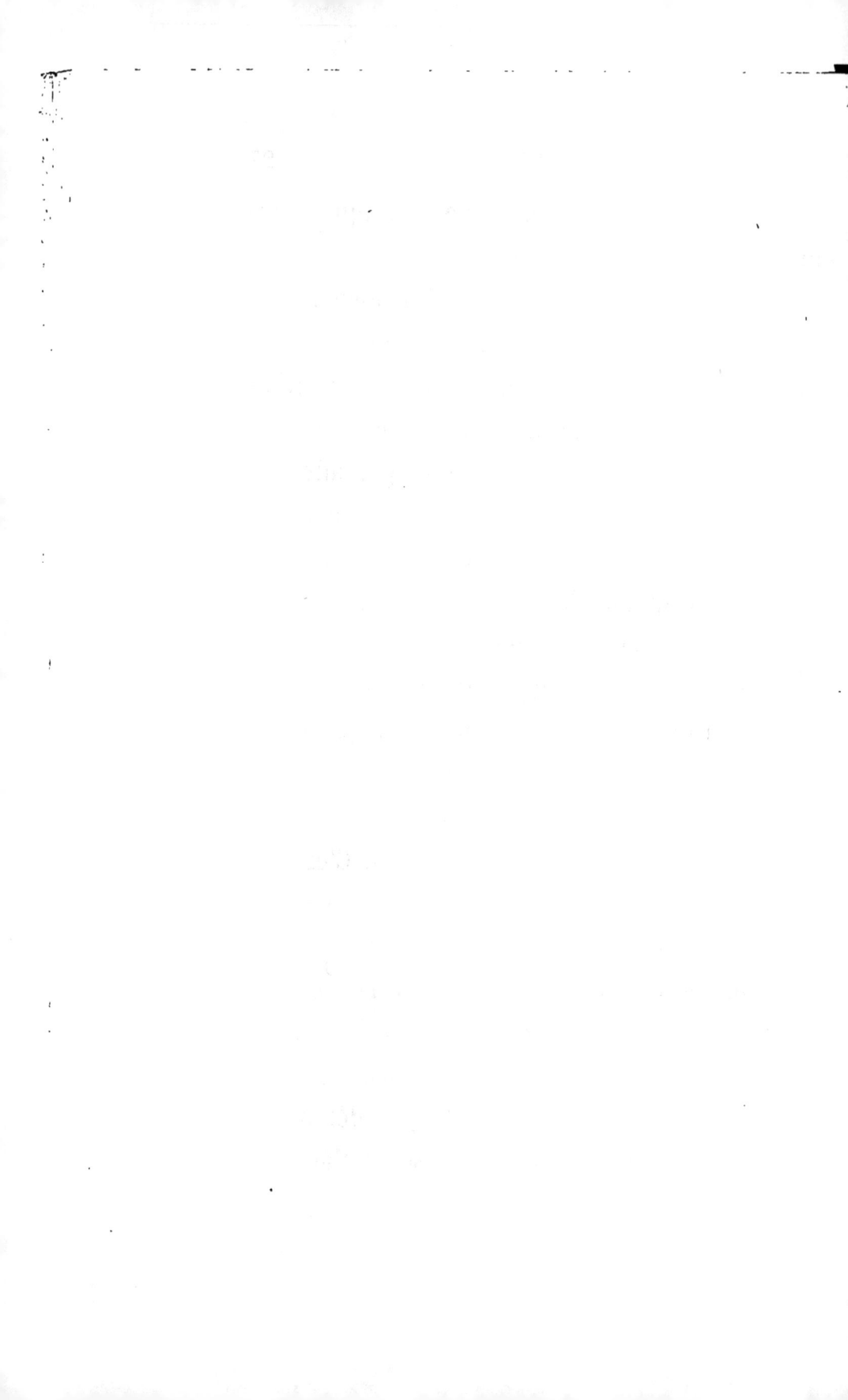

III

Doctrine d'Aristote et son influence durable.

Si l'on éprouve de l'embarras pour connaître la vraie pensée des prédécesseurs d'Aristote sur l'âme et sur la vie, il n'en est pas de même vis-à-vis de lui, grâce à son *Traité de l'âme* Περί Ψυχῆς. Ce traité, un des plus complets et des mieux faits qu'il ait composés, est un exposé didactique de la question de l'âme, dans lequel se reconnaît à chaque pas la marque du génie qui crée et avance la science, en ne dédaignant pas d'exposer et de discuter les opinions de ses devanciers. Lorsqu'on étudie ce traité célèbre, on croirait, sous beaucoup de rapports, lire un

ouvrage moderne. L'enseignement de Socrate et
de Platon s'était tourné de préférence vers la
morale, et on en était arrivé à ne considérer
l'âme que dans l'homme. Aristote replaça la
question au point de vue où les philosophes
ioniens l'avaient posée : il voulut, non pas aller
de l'homme au reste du monde, mais partir du
monde pour expliquer l'homme. « Aujourd'hui,
dit-il, ceux qui cherchent à approfondir la question de l'âme ont le tort de ne s'occuper que
de l'âme de l'homme. C'est limiter trop la recherche, et il convient de l'étendre davantage (1). » Il ajoute que « c'est au naturaliste,
au physicien, qu'il appartient d'étudier l'âme. »

Puis il établit que, quand on connaît l'âme,
« sa connaissance sert beaucoup à comprendre
la nature, puisqu'elle est, on peut le dire, *le
principe des êtres animés.* » Elle est le principe
des êtres animés; par conséquent, son histoire
est l'histoire de la vie elle-même. Et alors, pour
entrer en matière, il jette un regard sur l'en-

---

(1) *Traité de l'âme,* liv. I.

semble des êtres vivants, et déroule, en un splendide tableau, les attributs de la vie, qui a des commencements obscurs dans la plante, s'enrichit, chez les animaux, de la sensibilité et du mouvement, et achève de se compléter dans l'homme, en se couronnant par l'intelligence et la raison. En traits admirables, il trace, dans les êtres organisés, ce progrès qu'on nomme l'échelle biologique, et montre que les degrés supérieurs ne peuvent exister qu'à la condition des inférieurs; que l'homme suppose l'animal, qui lui-même a nécessairement au-dessous de lui la plante; que la vie au degré simple est indispensable d'abord; que ses attributs élevés, tels que le mouvement et la sensibilité, ne viennent qu'après, et que l'intelligence ne pourrait pas être sans les deux supports dont elle est le couronnement, l'homme étant ainsi l'ensemble et le terme du monde organisé et vivant.

Platon avait admirablement parlé de l'âme, en poète et en moraliste, faisant intervenir souvent les données physiologiques, à la suite et à la manière des Pythagoriciens, surtout dans le *Timée*. Mais combien la méthode d'Aristote est différente ! Son *Traité de l'Ame* est un ouvrage méthodique dans lequel il embrasse tout, pose toutes les questions, rappelle les solutions antérieures et démontre celles qu'il préfère, n'avançant que graduellement, absolument comme on le fait dans les traités scientifiques modernes. Pour connaître l'âme, dit-il, il faut l'étudier partout où elle existe. Son étude est une science, une partie de l'histoire naturelle et le premier, le plus important chapitre de son histoire (1). Quelle est sa nature? et quelle définition faut-il en donner? Ni Platon, ni les Pythagoriciens, ni les Ioniens n'avaient su définir l'âme, les uns disant qu'elle est une harmonie, un nombre; les autres qu'elle est un élément, le sang, le *Pneuma*. Rejetant toutes ces opinions, qui n'ont rien de précis, Aristote donne une définition nouvelle basée sur une pensée profonde. Contemplant d'une vue puissante le

_____

(1) *De l'âme,* liv. I.

monde et l'univers, il reconnaît qu'il y a trois
sortes d'essences. La *matière,* qui, par elle-
même, est indéterminée et est en simple puissance; la *forme,* qui donne à la matière sa réalité, sa perfection, en la faisant passer de la
puissance à l'acte; l'*être composé,* produit de
l'union de la forme avec la matière. Or, quelle
est la place de l'âme entre ces trois essences?
Elle n'est pas le composé lui-même, c'est-à-dire
un être vivant, plante, animal ou homme. Elle
n'est pas la matière ou le corps; donc elle est
la forme. Et elle est spécialement la forme ou
l'*entéléchie* d'un corps organisé, ayant la vie en
puissance ou étant apte à vivre. Elle est la *première entéléchie* de ce corps organisé; donc
l'âme n'est pas le corps. Elle n'est pas, à la vérité, sans le corps; elle est dans le corps et
quelque chose du corps (1). Et il y a conve-
nance parfaite entre l'âme et le corps; de façon
que telle âme est celle qui convient à tel
corps organisé, et que tel corps organisé est

(1) *De l'âme,* liv. I et II.

celui qui convient à telle âme. Car le corps est
l'instrument de l'âme, et l'âme est la fin du
corps (1). L'âme n'agit pas sans le corps auquel elle est unie. Sans doute c'est l'âme qui
pense, mais le corps n'est pas étranger à la
pensée (2). Dès ce moment, voyez les différences
entre Aristote et Platon. Pour celui-ci, l'âme
n'est présente au corps que par accident; elle y
est indépendante *comme le nocher dans son navire,* y est enfermée comme en une prison. Pour
son rival, l'âme et le corps sont créés l'un pour
l'autre, unis ensemble et adaptés avec conve-
nance et mesure. L'âme est la fin, le but du
corps; le corps est le moyen, l'instrument de
l'âme. N'est-ce pas là la double doctrine dont
l'écho, prolongé à travers les âges, se fait entendre à nous chaque jour?

Quelle profondeur dans cette définition! L'âme
n'est ni une matière subtile comme le feu, ou
ténue comme l'air, ni un élément des choses
corporelles, le chaud, l'humide, etc. Elle est une

(1) *De l'âme,* liv. II.
(2) *Id.,* liv. III.

chose non matérielle, unie à de la matière pour
constituer un corps, et agissant comme une
cause dans ce corps, de manière à le rendre
vivant. Elle est une *substance,* d'où la *substance
formelle,* la *forme substantielle.* Suivant le langage scientifique moderne, elle est une cause,
un principe, *une force.* Voilà le grand fait établi. Il y a des principes ou des forces, unis à la
matière, pour constituer des corps ; et c'est un
principe de cette nature qui anime les êtres vivants, qui, dans l'homme, est la cause de la vie
et de la pensée. On dissertera sur les attributs
de cette substance, on aura à décider si réelle-
ment une substance unique suffit pour la pensée et la vie, ou si l'âme de la vie est différente
de celle de la pensée; les siècles à venir seront
employés à ces débats. Mais la véritable question est formulée désormais, et, en sortant de
l'indécision des conceptions premières, elle entre
dans le domaine philosophique et scientifique,
où nous en retrouverons la durable empreinte.

Il ne suffit pas de définir l'âme, en disant ce
qu'elle n'est pas et ce qu'elle est. Est-elle sépa-

rable du corps, distincte du corps? Y a-t-il, pour les différentes actions ou facultés du corps de l'homme, plusieurs âmes ou une seule âme? Aristote pose ces questions, comme le ferait un philosophe moderne. Il les examine et donne ses conclusions.

Autant qu'on peut le soupçonner, les Pythagoriciens admettaient plusieurs âmes dans l'homme, et Platon leur a emprunté le fond de sa doctrine à cet égard. Il reconnaît l'*appétit* ou la *concupiscence,* chargée d'entretenir la vie du corps ; l'*énergie* ou le *désir* qui commande aux mouvements; l'*intelligence* ou la *raison,* qui étend son empire sur les pouvoirs précédents et s'efforce de les faire concourir vers un but commun. De leur soumission mutuelle, suivant le rang de leur infériorité et de leur harmonie, résulte la santé de l'âme (1). De ces trois âmes, la dernière est divine et immortelle; les deux autres sont matérielles et périssables. Et elles sont distribuées dans notre corps d'a-

(1) Platon, *République,* IV.

près leur nature plus ou moins parfaite. L'âme
de la concupiscence et de l'appétit, qui se
nourrit de breuvages et d'aliments, « a été
placée dans l'intervalle qui sépare le diaphragme
et le nombril; et les dieux l'ont étendue là
comme en un râtelier où le corps pût trouver sa
pâture : ils l'y ont attachée comme une bête
féroce (1)... » Plus haut, dans la tête, séparée
du tronc par l'isthme du cou, habite l'intelligence « comme dans une citadelle élevée. » Et
pour celle de nos âmes qui « est la plus puissante en nous, il faut en penser ceci : que Dieu
l'a donnée à chacun de nous comme un génie.
Elle habite le lieu le plus élevé de notre corps,
parce que nous pensons avec raison qu'elle nous
élève de la terre au ciel, notre patrie ; car nous
sommes une plante du ciel et non de la terre.
Dieu, en élevant notre tête, et ce qui est pour
nous comme la racine de notre être, vers le lieu
où l'âme a été primitivement engendrée, dirige
ainsi tout le corps (2)... »

(1) Platon, *Timée,* traduction Cousin.
(2) Id., *ib.*

Dans ces belles images, rendues séduisantes par le mélange de la vérité et de la poésie, et qui montrent le génie de l'homme aux prises avec le mystère de sa nature, il serait difficile de ne pas reconnaître la croyance à plusieurs âmes. Le premier regard qu'a jeté l'homme sur lui-même a dû être embarrassé et indécis. Est-il un être divin, ou est-il un animal? Les fonctions organiques, qui lui sont communes avec les animaux, sont-elles régies par une cause analogue à son intelligence? et au sein des parties multiples dont se compose son unité, y a-t-il plusieurs principes juxtaposés, ou un seul principe? Nous-mêmes, après les longs tâtonnements des siècles qui nous ont précédés, nous hésitons sur ces problèmes. Notre analyse est plus nette, nous posons mieux les questions; mais il n'est pas étonnant qu'à l'origine, l'imagination ou une science imparfaite aient tantôt tout attribué à une même cause, et tantôt créé des causes inutiles.

Toutefois, Aristote n'a pas commis cette dernière faute. Plus naturaliste que son maître, il

ne conserve pas les trois divisions admises par
les Pythagoriciens, et s'attache surtout à découvrir quelles sont les principales parties dont se
compose la vie. La première qualité de la vie
est de *se nourrir;* et les plantes, qui sont au
dernier échelon des êtres vivants, n'en ont pas
d'autre. La deuxième est *de sentir,* et tout animal la possède. La faculté de *se mouvoir* par
locomotion est en quelque sorte parallèle à la
faculté de sentir, et existe aussi dans les animaux. L'*intelligence* et la *raison* sont le privi-
lége exclusif de l'homme. Et la vie, distribuée
avec ces dons dans le monde organisé, se perfectionne à mesure qu'elle s'élève du degré inférieur jusqu'à l'homme, qui, en réunissant le
don spécial de la pensée aux qualités de la
plante et de l'animal, représente l'ensemble et
le couronnement de la vie. Or, si la vie est
l'âme, que sont les facultés aïnsi entendues?
Sont-elle des parties de l'âme, des membres de
l'âme ou des âmes distinctes, à la manière de
Platon? La plupart des commentateurs du moyen
âge ont admis qu'Aristote reconnaissait plusieurs

âmes, tantôt cinq, tantôt quatre, au moins trois.
Cette interprétation est erronée, et en contradiction avec la vraie doctrine du *Traité de
l'Ame* (1).

Aristote déclare que l'âme de la plante diffère de celle de l'animal, celle de l'animal de
celle de l'homme : elles diffèrent entre elles non
en nature, mais en degré et en qualité. Mais
nulle part il ne dit que deux ou plusieurs âmes
sont réunies dans un même corps vivant. Toute
son exposition, au contraire, démontre qu'il
n'admet qu'une seule âme dans un même corps.
Et c'est pour ce motif qu'il ne cherche pas à
déterminer le siége de l'âme, à l'exemple de ses
devanciers (2).

Pour Aristote, l'âme a donc plusieurs facul-

(1) M. Em. Chauvet a donné sur ce point des éclaircisse-
ments très-bons à consulter dans un ouvrage excellent : *Des
théories de l'entendement humain dans l'antiquité.* 1 vol.
in-18, 1855, Paris.

(2) Voir, entre autres passages, le § 24, liv. I, ch. v : « Quelques-uns prétendent que l'âme est divisible et qu'elle pense
par une partie, qu'elle désire par une autre. Mais qui donc
alors maintient les parties de l'âme, si par nature elle est
divisée? Certes, ce n'est pas le corps; et il paraîtrait bien

tés différentes, suivant les degrés de la vie;
elle-même est simple et unique. — Autre question. Est-elle séparable du corps ou inséparable
de lui? Est-elle comme le nocher dans son navire? Sur ce second point, aussi important que
le premier, il y a peut-être quelque incertitude
ou quelque contradiction dans l'exposé d'Aristote. Cependant on y trouve aussi une réponse
décisive : « Il est donc clair que l'âme n'est
pas séparée du corps, non plus qu'aucune de
ses parties... Mais ce qui reste obscur, c'est
de savoir si l'âme est l'entéléchie du corps,
comme le nocher est l'âme du navire (1). »
Ailleurs: « L'âme ne se confond pas avec le corps
plus que la cire ne se confond avec l'empreinte
qu'elle reçoit. » Voici un autre passage qui
semble contenir toute la question. Après avoir

---

plutôt que c'est l'âme qui maintient le corps. Du moment
qu'elle en sort, il cesse de respirer et bientôt se corrompt.
Si donc il y a quelque chose qui la rende *une*, c'est ce quelque chose qui serait l'âme. Puis il faudra de nouveau chercher si ce quelque chose est *un* ou s'il a plusieurs parties
S'il est *un*, pourquoi l'âme elle-même n'est elle pas *un* du
premier coup?.... » (Traduct. de M. B. Saint-Hilaire, p. 158.)

(1) Liv. II, ch. i, §§ 12 et 13.

dit que l'âme est le principe des quatre facultés : de se nourrir, de sentir, de se mouvoir,
de penser, il se demande si chacune de ces facultés est l'âme entière. « Et si elles sont des
parties, ne peuvent-elles être isolées que par la
raison, ou sont-elles séparables aussi dans la
réalité ? » Ce sont là, dit-il, des questions dont
les unes sont aisées à résoudre, dont les autres
sont ardues. Puis il ajoute qu'il y a des plantes,
même certains animaux, que l'on peut couper
en plusieurs fragments, et que chaque tronçon
continue de se nourrir, de se mouvoir, de sentir : tels des insectes et des vers. Cela est la
preuve, dit-il, que tant que la vie se maintient,
les « parties ou facultés qui la composent ne
sont pas séparables (1). » Mais, à ce propos
même, il fait une distinction de la plus haute
importance. Si les facultés de se nourrir, de se
mouvoir, de sentir, ne sont pas séparables du
corps, « on ne saurait affirmer qu'il en est de
même pour l'intelligence, parce que celle-ci *est
un autre genre d'âme qui diffère de tout le reste*

(1) *Traité de l'âme,* plan gén., p. 26, trad. B. Saint-Hilaire.

comme l'éternel diffère du périssable (1). » Et
cette pensée, il la reproduit en plusieurs chapi-
tres de son traité. « L'intelligence semble être
un autre genre d'âme et le seul qui puisse être
isolé du reste, comme l'éternel s'isole du périssable. » « L'intelligence est peut-être quelque
chose de plus divin, quelque chose d'impassible. » Et cet autre passage, qui est décisif :
« Quant à l'intelligence, elle semble être dans
l'âme comme une sorte de substance, et ne pas
pouvoir être détruite. Ce qui paraîtrait devoir
surtout la détruire, c'est l'allanguissement qui
flétrit l'homme dans la vieillesse... Mais la vieillesse de l'intelligence vient non pas de quelque
modification de l'âme, mais de la modification
du corps dans lequel elle est, comme il arrive
d'ailleurs dans les ivresses et les maladies : la
pensée, la réflexion se flétrissent, parce que
quelque chose vient à se détruire à l'intérieur
du corps ; mais le principe même est impassible (2). »

(1) *Traité de l'âme,* plan gén., p. 29, trad. B. Saint-Hilaire.
(2) Même traité, liv. I, ch. IV, § 13, 14.

3.

En résumé, aux définitions vagues des temps
antérieurs, Aristote en substitue une claire et
précise. Au lieu des éléments empruntés au
monde physique, il préfère une substance non
matérielle, une sorte de principe interne, qui
est l'analogue de ce que nous nommons aujour-
d'hui un principe d'action ou une force. Il sépare nettement, dans les êtres de la création,
ce qui est la matière de ce qui est la force (ou
la forme ou l'entéléchie), et déclare que c'est
l'union de cette force avec la matière qui constitue les êtres naturels vrais, c'est-à-dire une
plante, un animal ou l'homme. Cette force ou
cette âme est la cause de la vie, et il faut l'é-
tudier dans tous les êtres qui vivent et non pas
dans l'homme seul. On voit alors qu'elle a des
perfections différentes, suivant qu'on l'observe
dans le degré le plus bas ou le plus élevé de
l'organisation, et les facultés qu'elle embrasse
se commandent de façon que celle du degré le
plus élevé suppose nécessairement celle qui est
au-dessous. Il y a par conséquent une âme différente pour chaque degré de la vie. Celle de

l'homme n'est pas celle de l'animal, laquelle
n'est point celle du végétal. Mais dans un même
corps, il n'y a qu'une âme et non plusieurs. Et
cette âme, qui est adaptée à un corps, et qui
comprend plusieurs parties ou facultés, est inséparable de ce corps. Cependant il y a une
exception. La pensée, l'intelligence, la raison,
est une âme distincte des autres, séparable du
corps, impassible, divine, impérissable, immortelle... Assurément, sur ce dernier point, et
dans les développements qui le concernent, Aristote est moins grand que Platon ; mais que de
choses belles et profondes dans toute sa doctrine ! quelle puissance de conception dans cette
union de la matière et des forces, qui sont plus
ou moins hautes et varient suivant la perfection
du composé ! Et ces forces, la pensée exceptée,
sont indissolublement liées au corps matériel.
Tout l'avenir est contenu dans cette doctrine :
d'une part, si l'intelligence vieillit ou fléchit
dans l'ivresse, dans le délire, c'est parce que
quelque chose se détruit dans le corps, non
dans le principe lui-même, « qui est impassible

et impérissable. » Voilà pour l'idée spiritualiste.
D'autre part, ce magnifique tableau de la vie
qui croît et s'élargit à mesure qu'elle monte,
ce même nom d'âme donné à ce qui fait vivre
et à ce qui fait penser, cette étude de l'intellect
et de la nutrition dans un même traité, cette
vue d'ensemble jetée sur l'homme entier, et qui
pénètre aussi bien dans sa partie morale que
dans son étude physique, n'est-ce pas la voie
ouverte à tout ce qu'annonce aujourd'hui la
philosophie positive? Cette philosophie, qui a re-
légué avec dédain tout le travail de la science
ancienne, hors les mathématiques et l'astrono-
mie, dans ce qu'elle appelle « la période métaphysique, » n'a donc pas aperçu les ressources qu'elle y pourrait puiser, pour établir une
partie de sa biologie.

IV

Le moyen âge ne fut pas un temps d'invention et de progrès. L'antiquité, sans doute, n'avait point avancé beaucoup l'étude des sciences physiques et naturelles, mais elle avait eu le goût de cette étude, ainsi que le prouvent ses essais de théogonie et sa recherche constante de la nature des choses. Le moyen âge a cru que la nature a été disposée tout entière pour l'homme, qui en était le roi et le maître, et qu'il n'est pas nécessaire d'interroger ses secrets pour parvenir à la connaissance humaine. Il a pensé que, d'ailleurs, la vérité sur l'homme

et sur les choses était contenue dans les travaux
anciens, surtout dans ceux d'Aristote, et qu'il
devait suffire de comprendre et d'interpréter
ces travaux, en ayant soin de les mettre d'accord
avec les enseignements de la foi. On peut dire,
en effet, que ce fut là toute l'occupation de la
philosophie scolastique, qui représente la pensée pendant cette longue période.

On sait que les Arabes servirent de transition
et d'intermédiaire entre l'école d'Alexandrie et
l'Occident. Sous Charlemagne l'*École du Palais*,
qui fut le berceau de l'Université de Paris, ne
connut d'Aristote que la traduction de l'*Orga-
non* par Boëce, et le commentaire de Boëce sur
les *Catégories*. Dès le IXe siècle de notre ère,
des médecins Nestoriens et Chaldéens, établis à
la cour des Califes à Bagdad, traduisirent les
ouvrages d'Aristote, non du grec, mais du syriaque en Arabe ; et entre le Xe et le XIIe siècle, tous les traités du Stagirite passèrent ainsi
dans la littérature arabe. L'école arabe-espa-
gnole de Grenade et de Cordoue devint un foyer
de lumière pour l'Europe, et plusieurs philoso-

phes, entre autres Ibn-Sina (Avicenne), Ibn-
Roschd (Averrhoès), donnèrent le texte Aristoté-
tique, avec des commentaires sur tous les traités. Ces commentaires et ceux d'Alexandre
d'Aphrodise, de Porphyre, de Thémistius, que
les Arabes avaient également traduits, furent la
source où puisèrent les scolastiques de la grande
époque, tels qu'Albert le Grand et saint Thomas
d'Aquin. Lorsque, par suite de dissensions reli-
gieuses au sein de l'islamisme, la philosophie
fut persécutée en Espagne et en Orient, les livres
arabes furent traduits en hébreu, puis en latin
par des juifs, qui conservèrent de cette façon
les seuls écrits d'Aristote que l'Occident eût à
sa disposition, jusqu'à la prise de Constanti-
nople, après laquelle refluèrent en Europe les
vrais manuscrits grecs, avec des lettrés capables
de les faire comprendre (1).

Entre les traités d'Aristote, celui *de l'Ame* fut

(1) Les livres d'Aristote, préférés à ceux de Platon par les
Arabes, probablement parce qu'ils offraient plus de connaissances pratiques applicables à la médecine et aux arts, furent
donc l'objet des traductions suivantes, pendant le moyen âge :
du grec en syriaque (sous Justinien, VIe siècle), du syriaque

mis au premier rang par la scolastique, qui en fit
sortir de bonne heure la doctrine des *trois âmes
distinctes et réunies pour constituer l'homme*.
Cette conception des trois âmes, quoique non
conforme aux idées d'Aristote, en était cependant une conséquence et une dérivation. Avoir
montré que l'homme réunit la vie des plantes
à celle des animaux, et que de plus il est doué
de la raison, qui est le couronnement de la vie,
n'était-ce pas conduire à la pensée de placer à
côté de l'âme raisonnable les deux âmes vivantes?
D'autant plus que, dans les phases successives
de notre développement, nous offrons l'apparence de trois vies, qui se succèdent et s'ajoutent. L'embryon, dans le sein de sa mère, vit à
la manière des plantes. A sa naissance, l'enfant
n'est encore qu'un animal privé de la raison,
qui se montrera plus tard. C'est même à ce
point de vue que les physiologistes modernes,

en arabe, de l'arabe en hébreu, de l'hébreu en latin. On de-
vine combien d'obscurités, en des matières si abstraites, ont
dû se glisser dans ces translations, et quelle fut la joie en-
thousiaste des lettrés de la Renaissance lorsqu'ils purent lire
le *maître* dans sa langue originale.

depuis Bichat, ont séparé les fonctions du corps humain en *végétatives* et en *animales*, comme pour représenter la part qui appartient en nous à l'animal et à la plante. Pourquoi donc n'admettrait-on pas dans l'homme trois âmes réunies : la *végétative*, l'*animale* (ou sensitive) et la *raisonnable* ? Ces trois âmes, après tout, doivent être mieux adaptées à la nature des choses que les trois de Platon : le *désir* (ou la concupiscence), la *colère* (ou la force) et la *raison*. Si Galien, médecin et naturaliste, a accepté la division de Platon, pourquoi le moyen âge aurait-il tort d'établir une division parallèle issue de la doctrine d'Aristote?

La question des trois âmes, tantôt combattue, tantôt adoptée, suivant que l'on voulait rester fidèle aux idées d'Aristote ou s'en éloigner, préoccupa la scolastique tout entière. Il nous suffira de donner ici l'opinion de saint Thomas d'Aquin, conforme, d'ailleurs, à celle de son maître Albert le Grand, parce que l'avis de ces deux hommes illustres a été une règle et un guide dans les écoles du moyen âge, et que la

philosophie religieuse de nos jours semble le
suivre encore (1).

Saint Thomas déclare que l'âme est l'*acte* ou
la *forme* de tout corps vivant ; qu'elle existe par
elle-même, non par accident; que par conséquent elle est une substance ; que cette âme,
étant la forme du corps, est ce qui l'organise
et le fait vivre, et est, de toute nécessité, immatérielle. Non seulement, l'âme est l'*acte* ou la
forme, c'est-à-dire l'entéléchie d'un corps vivant ; elle est, suivant saint Thomas, qui s'ap-
proprie les deux définitions d'Aristote, « le principe par lequel nous nous nourrissons, nous
sentons, nous changeons de lieu et nous rai-
sonnons. » Conséquemment, c'est la même âme
qui fait penser et vivre. Et, en effet, le grand
docteur n'accepte pas plusieurs âmes dans
l'homme : l'âme, dit-il, n'est pas multiple, elle
est une. Notre âme rassemble et réunit les qualités des âmes de la plante et de l'animal, comme
le polygone, qui est une figure simple de

(1) Le P. Ventura, *Rais. philos. et Rais. cathol.* Paris,
1851.

géométrie, est l'équivalent de plusieurs autres
figures, le tétragone, le trigone, etc. Voilà quelle
est sa doctrine, développée et affirmée dans
toutes ses œuvres. Puis, rencontrant sur sa
route l'opinion qui admet trois âmes distinctes
et réunies, il s'explique à cet égard de la manière suivante. Dans l'enfant qui vient d'être
conçu et qui n'est qu'embryon, l'âme végétative
seule est présente. Un peu plus tard, dans le
fœtus, c'est l'âme animale ou sensitive qui
existe. Enfin paraît l'âme intelligente ou raisonnable. Cette succession ne se fait pas, ainsi que
l'a admis un grand nombre de scolastiques,
parce que la même âme s'élève du degré inférieur au degré supérieur, à mesure que la vie
monte et se complète. Une telle transformation
serait aussi contraire à la vérité que la coexis-
tence de trois âmes superposées. La vérité con-
siste en ce que chaque âme inférieure se corrompt et disparaît devant celle du degré plus
élevé qui s'avance. La raisonnable efface la sensitive, qui elle-même avait absorbé et effacé la
végétative. Et si l'on demande au *docteur angé-*

lique pourquoi il en est ainsi, il répond qu'il
y en a deux motifs : d'abord, c'est qu'il ne faut
qu'une seule âme pour un corps vivant ; ensuite
c'est que les deux âmes inférieures sont engen-
drées de la semence, pendant la génération, et,
à cause de cela, corruptibles et mortelles, tandis que l'autre vient d'ailleurs (1).

D'où vient cette âme différente qui suffit pour
donner à l'homme la vie et la pensée ? Le moyen
âge religieux n'oublie pas cette question, laissée
dans l'ombre par l'antiquité. Cet âge étrange,
qui a fait peu de progrès, a porté son regard
sur toute chose ; et quand on étudie cette pro-
digieuse *Somme* de saint Thomas, on est saisi
d'étonnement devant le nombre et l'étendue des
questions posées, ainsi que devant la fermeté
des réponses. On vient de voir que les âmes vé-

---

(1) « Anima vegetabilis, quæ prima inest cum embryo vivit vitâ plantæ ; et succedit anima perfectior, quæ est nutritiva
et sensitiva simul. Et tunc embryo vivit vitâ animali. Hâc au-
tem corruptâ, succedit anima rationalis ab extrinseco im-
missa, licet præcedentes fuerint, virtute seminis. » (*Contr.
Gentil.*, l. II, cap. LIX, et *Sum. theol.*, pars prim., quæst. 18,
art. 2.)

gétatives et animales, quoique formes et entélé-
chies, sont données par la génération. L'âme
immortelle et raisonnable est envoyée par Dieu
et créée à cet effet pour chaque homme, à l'instant où il vient au monde. Cette doctrine étant
trop importante pour être laissée au hasard des
explications scientifiques, ou aux raisonnements
de l'école, l'Église l'a adoptée solennellement et
l'a formulée dans plusieurs conciles (1), décla-
rant en outre que l'âme, qui est créée par Dieu,
n'est pas une partie de lui, ni une substance
existant auparavant dans le ciel et venue de là.
Ceci s'adressait à l'erreur d'Averrhoès, qui me-
naçait de prendre les proportions d'un schisme.

Voilà donc l'opinion de saint Thomas sur
cette matière. On y reconnaît la marque des idées
d'Aristote fidèlement suivies, et on y retrouve
cette croyance, commune à l'antiquité et à la
philosophie religieuse, *que la vie et la pensée
proviennent d'une même source, dépendent d'un
même principe.*

(1) Concile de Latran, sous Innocent III; concile de Vienne
(Dauphiné), sous Clément V; concile de Latran, sous Léon X.

Toutefois, la question particulière du nombre des âmes ne fut pas absolument décidée dans le sens de saint Thomas, et le Franciscain Duns Scott s'éleva, sur ce point comme sur d'autres, contre la thèse dominicaine. Les trois âmes associées pour constituer l'homme obtinrent même plus tard un assentiment à peu près universel en philosophie, jusqu'à Descartes ; et de la philosophie elles passèrent dans la médecine, qui les a conservées jusqu'à Barthez. La médecine, pendant toute cette longue période du moyen âge, demeura dans une complète enfance. Il ne lui servit pas beaucoup que les deux plus illustres représentants de la philosophie arabe, qui avaient été les initiateurs de la science grecque dans l'Occident, Avicenne et Averrhoès, appartinssent à son art ; les médecins du moyen âge et de la Renaissance furent plutôt des érudits et des lettrés que des savants. D'ailleurs la science proprement dite n'existait nulle part. On était heureux de découvrir, de retrouver les ouvrages grecs ; mais pendant que les uns étudiaient la langue, les autres se bornaient à com-

nenter les traités, bien résolus à y faire plier la
nature, qui, elle aussi, avait à obéir aux textes.
usqu'au milieu du XVIᵉ siècle, l'anatomie, qui
étudie le corps de l'homme, fut une science inconnue. La religion des Arabes leur avait in-
erdit la dissection des cadavres; l'ignorance
amena le même abandon pour toute l'Europe.
Dans la pratique de l'art, on suivait plus ou
noins les règles de quelques médecins grecs ou
latins; on vivait des préceptes et des théories
mal comprises de Galien, qui était en méde-
ine le maître qu'Aristote avait été en philo-
ophie.

La Renaissance mérita le nom qu'on lui a
donné. Les lettres furent les premières à re-
aître; les notions scientifiques vinrent plus
entement, parce qu'il fallait les créer plutôt que
es faire revivre. Le foyer de travail et de lu-
nière, qui avait été dans l'Université de Paris
depuis le IXᵉ siècle jusqu'au XIVᵉ, se déplaça et
e fixa dans l'Italie, qui devint le berceau de la
civilisation moderne. Les sciences s'y montrè-
rent à partir du XVIᵉ siècle. En même temps

que trois novateurs y agitaient la philosophie,
Jordano Bruno, Campanella et Vanini, que Gali-
lée y faisait ses découvertes, Fallope et Fabri-
cio fondèrent (à Padoue) une école anatomique
célèbre et savante, où allaient s'instruire tous
les médecins de l'Europe, et d'où Harvey rap-
porta le germe de la découverte de la circulation du sang. On recommença à étudier le corps
humain, même en éclairant son étude par l'anatomie comparée, et l'on prépara enfin les bases
scientifiques d'une partie de la médecine et de
la biologie.

Pendant que l'esprit moderne s'annonçait
ainsi par mille travaux de détails et dépassait
rapidement toute la science ancienne, on était
encore bien loin de résoudre, ou même de comprendre, les problèmes de la vie. Le moyen âge
étant achevé, la philosophie scolastique se ren-
fermant de plus en plus dans les questions reli-
gieuses, et les maîtres du passé, saint Thomas,
Albert, Averrhoès, Galien, Aristote lui-même,
étant contestés ou combattus, il en résulta deux
conséquences : d'abord, que la médecine, ou

plutôt les explications de la vie, furent débar-
rassées de leurs guides, qui les entravaient ;
ensuite que la physiologie, abandonnée à elle-
même, tomba dans l'anarchie et le chaos. Les
Arabes, par leur voisinage avec l'Orient et la
kabbale, avaient introduit en médecine une alchi-
mie hermétique qui, en s'alliant aux théories
humorales de Galien, constitua un chimisme et
une astrologie avec lesquels on expliqua tout
dans le corps humain, et presque tout dans la
nature. Il se fit un amalgame de sels, de métaux,
de soufre, de mercure, d'âmes, d'esprits et de
tous les éléments, réels ou imaginaires. Le mot
« âme » continuant à désigner ce qui régit, ce
qui fait passer de « la puissance à l'acte, » on
en attribua à tout, aux astres, même à des corps
bruts (Kepler). Dans l'homme on multiplia les
âmes, sous le nom d'*archées* (Van-Helmont,
mort en 1644, après le *Discours de la Méthode*
de Descartes). Et pour accroître le trouble né de
ces divagations, on distribua partout des esprits,
comme on l'avait fait pour les âmes. A ce cou-
rant malsain, d'où devait cependant sortir la

science moderne, le chancelier Bacon n'échappa
pas lui-même (1).

Au milieu de ces idées incohérentes, la doctrine d'Aristote n'avait pas péri. Comme l'un
des besoins les plus marqués et les plus pres-
sants était d'avoir une direction pour les actes
multiples dont les êtres vivants sont le siége, on
rejoignit Aristote à travers les siècles, et l'on

(1) Dans tous les corps animés se trouvent deux sortes
d'esprits : les *mortels,* tels qu'ils existent dans les corps ina-
nimés, et les *vitaux*. Les mortels sont d'une substance qui a
de l'analogie avec celle de l'air ; les vitaux se rapprochent
plus de la flamme. Les esprits vitaux des animaux et des végétaux sont des *soufflets* composés de *pneumes* aériformes
et enflammés, comme leurs sucs sont composés de fluides
aqueux et oléagineux. » (Bacon, *Dign. et accr. des sciences.*)
— Voici un extrait de Glisson, médecin du XVIIe siècle, re-
nommé pour avoir distingué la propriété de l'*irritabilité*. Il
veut expliquer la formation des esprits vitaux, et voici comment il s'exprime. Les aliments solides, une fois avalés, renferment en eux-mêmes leurs esprits (l'esprit *gras* ou soufré,
l'esprit *maigre* ou salin, qui constituent deux genres de *mer-
cures*) ; descendus dans l'estomac, ils atteignent un second
état, qui est la *fusion*. Alors la partie la plus riche des aliments, réduite en liqueur et jointe aux boissons, se mêle au
chyle, lequel est riche en esprits *doux* et délicats ; puis ces
esprits légers et doux vont au cœur et se mélangent avec le
sang vital ; bientôt ils arrivent au troisième état, qui est la
volatilisation, et, en traversant les ventricules du cœur, s'al-
lument et se changent en esprits vitaux. (*Hepat. anat.,* 1659.)

installa l'âme végétative et l'âme animale au sein de la vie, à côté de l'âme raisonnable. La doctrine des trois âmes reprit donc paisiblement son empire, et sans que jamais les deux inférieures empiétassent sur la plus noble. Plus ou moins, on essaya parfois d'élever l'âme des bêtes au niveau de la raison ; les plus hardis ne tentèrent pas d'amoindrir les priviléges de l'âme immortelle.

Cependant, à mesure que les connaissances avancèrent en anatomie et en physiologie, et que l'on se forma des idées plus nettes sur l'organisation, on négligea l'âme végétative, pour ne conserver que la *sensitive,* qui rassembla en elle toutes les puissances de la vie. Ce progrès, très-sensible à tous les points de vue, fut consacré par Gassendi, qui le fit passer dans les écrits du médecin anglais Willis ; et celui-ci, qui fut un maître digne d'être écouté jusqu'au XIXe siècle, formula cette doctrine dans son célèbre traité *De l'âme de la vie ou des brutes.* Suivant lui, cette âme est corporelle, d'une matière très-déliée, analogue à un vent ; elle n'est pas une substance ;

elle est fournie par les parents dans la génération, et périt avec le corps. Que si l'on demande
à Gassendi comment l'union de l'âme corporelle
avec l'âme raisonnable ne nuit pas à l'unité de
l'homme, il répond que l'âme humaine est composée d'une âme sensitive et d'une âme raisonnable, de la même manière que l'homme est
formé d'un corps et d'un esprit ; que, d'ailleurs,
la nature ne pouvait pas faire agir l'âme immortelle sur la matière du corps sans un intermédiaire, et que l'âme sensitive est cet intermédiaire.

Ce dernier avis est précieux à recueillir. L'âme
agit sur le corps. Étant immatérielle, il lui faut
un intermédiaire qui participe à la fois du corps
et de l'esprit. Quel intermédiaire serait meilleur
qu'une âme de la vie, formée de la matière la
plus subtile, et cependant corporelle, car il faut
conserver une limite entre elle et celle de la
raison ? Et la vie elle-même ne se conçoit-elle
pas bien à l'aide d'un tel agent, qui, ayant les
qualités d'une âme, saura organiser et diriger le
corps ? Quoi donc de plus simple que cette doc-

trine d'une âme pour la vie, conçue par Pythagore et par Platon, scientifiquement formulée par Aristote, qui a traversé la scolastique, a fait, par saint Thomas, alliance avec l'Église, et, acceptée par Bacon, trouve dans Gassendi un défenseur ingénieux, puis, parvenue enfin jusqu'à Descartes, est par lui foulée aux pieds, ainsi qu'on va le voir?

Mais avant de montrer le rude combat que cette âme eut à soutenir, il est bon d'indiquer par un mot une sorte d'auxiliaire que nous avons laissée dans l'ombre, et qui cependant, toujours à travers les âges, a marché à côté des âmes. Nous voulons parler des *esprits*. Galien a fait pour eux ce qu'Aristote avait fait pour l'âme. Il en a donné la formule; il les a sinon créés, au moins organisés, et le tableau qu'il en a tracé sembla tellement parfait, que rien n'a été changé dans leur histoire, depuis le médecin de Pergame jusqu'au commencement de notre siècle. Les esprits sont de trois sortes: le *naturel,* le *vital* et l'*animal.* Ils viennent des parties les plus subtiles du sang, et sont formés : le premier dans

4.

le foie, le second dans le cœur, le troisième
dans le cerveau. Ils ont par conséquent le même
siége que les trois âmes de Platon. Ces esprits
sont des instruments au service des âmes, dont
ils exécutent les ordres dans le corps. Ce rôle,
attribué par Gallien, leur a été conservé dans la
suite. Ce sont donc des agents ou des intermédiaires créés par nécessité logique, et qui accomplissent dans le corps des usages trop inférieurs pour être remplis par les âmes. On les
nomma *esprits* pour indiquer que, semblables à
un air, à un vent, ils étaient formés d'une matière très-ténue ; leur corporalité a toujours été
plus admise que celle des âmes. Leur fortune a
tellement été mêlée au sort de ces dernières, que
leurs deux noms ont été compromis ensemble.
Et de même que les âmes organiques, en vieil-
lissant, avaient diminué de nombre, pour se voir
réduites à une seule, les esprits *naturel* et *vital*
disparurent avec le temps, pour ne laisser sub-
sister que les seuls *esprits animaux*. Dès lors,
ces derniers acquirent une importance d'autant
plus grande, et devinrent les vrais ministres de

l'âme sensitive dans le gouvernement de la vie.

Lorsque la physiologie du XVIIe siècle apporta à Descartes cette commune théorie de l'âme sensitive et des esprits animaux, il rejeta l'âme et conserva les seuls esprits, croyant par là renouveler la physiologie tout entière, comme il avait renouvelé la métaphysique. De l'abandon de l'âme vitale sortit le système connu sous le nom d'*automatisme des bêtes*, et de la conservation des esprits résulta une tentative énergique pour expliquer les fonctions nerveuses.

V

Un parallèle entre Aristote et Descartes vaudrait la peine d'être essayé. Tous les deux ont
renouvelé la science de leur temps, en créant
une méthode, et ont exercé sur leur postérité
une influence durable. Tous les deux ont embrassé le cycle presque entier des connaissances,
et semblent avoir réuni plusieurs hommes supérieurs en un seul. L'un, élevé à l'école d'un
maître presque divin, s'en sépare et le dépasse
dans des voies originales, mais se rattache à la
tradition et n'omet pas d'exposer les recherches
de ses devanciers. L'autre, paraissant s'être formé

dans une méditation solitaire, s'efforce d'oublier le passé et met son honneur à ne dater que de lui-même. En métaphysique, ils vont aussi loin que possible et tracent de nouvelles règles pour l'avenir. Ils s'emparent de la physique et y sont inventeurs, puis ils abordent l'histoire naturelle, le monde organisé, et parcourent ce nouveau domaine avec des aptitudes diverses.

C'est dans l'étude du monde organisé et vivant qu'ils montrent les plus grandes différences. Le philosophe ancien est un naturaliste si achevé, qu'il crée l'échelle zoologique et l'anatomie philosophique, qu'on ne fera revivre qu'au XIXe siècle. Outre son *Traité de l'âme*, qui est un admirable ouvrage de physiologie, il laisse des travaux très-avancés sur *les animaux,* sur *la respiration, la sensibilité, les âges, le sommeil,* etc. Il écrit sur la médecine, et s'il n'a pas pratiqué lui-même cet art (1), il a été initié aux secrets qu'il exige, dans la maison paternelle, car il est fils d'un médecin du roi Philippe de Macédoine.

(1) On voit dans Diogène de Laërte qu'il avait composé un livre sur la médecine.

otre philosophe moderne est pénétré aussi de
utilité des connaissances médicales. Il les es-
me assez pour dire que « s'il est possible de
ouver quelque moyen qui rende communément
s hommes plus sages et plus habiles qu'ils n'ont
té jusqu'ici, c'est dans la médecine qu'on doit
chercher. » Il fait plus : il étudie l'anatomie, la
hysiologie et en fait l'objet de recherches, person-
elles en Hollande, chez lui, chez les bouchers. Il
ecueille un grand nombre d'autopsies, dont on a
ublié récemment les procès-verbaux ; et quand
se croit assez avancé dans ce genre d'études,
rédige des traités importants : celui des *pas-*
ions, celui de la *génération des animaux,* celui
e *l'homme,* celui de la *formation du fœtus,*
raités qu'il destinait, comme autant de membres
pars, à la composition du *Traité du monde,*
ue la mort ne lui a pas permis d'achever. De
els travaux sont considérables, et on ne peut
néconnaître que Descartes ne soit, de tous les
hilosophes modernes, celui qui s'est le plus
pproché d'Aristote par l'étendue de ses recher-
hes en physiologie et par ses efforts persévérants

pour connaître le corps humain. Mais leur ressemblance à cet égard cesse bientôt. Autant l'un a rendu de services à l'histoire naturelle et à la biologie en étudiant ces sciences selon leur vraie méthode, autant l'autre, qui est justement célèbre pour avoir créé une méthode en psychologie, ignore celle qui convient aux sciences naturelles.

Le dernier procède, en effet, en physiologie comme il l'a fait en métaphysique, posant d'abord un petit nombre de principes ou d'axiomes, et faisant tout dériver ensuite avec une inflexible rigueur. On peut dire qu'il assujettit les lois de la vie à sa conception de l'âme humaine. Entraîné par le besoin de séparer notre vraie âme de ses impures alliées, les âmes organiques, il anéantit tous les rapports qui existent entre elle et la vie, et, pour mieux y parvenir, nie et veut supprimer la vie elle-même. On admire son spiritualisme, si élevé qu'il est même au-dessus de la vérité; mais, pour le fonder, il a méconnu l'observation et le sens commun. Peut-être ne l'eût-il pas fondé sans cela. Bacon, qui avait aperçu les lois qu'on doit suivre dans l'étude des sciences, avait laissé la question de l'âme au point où il l'avait trouvée. Descartes la porta d'un bond au delà des idées d'Aristote et de Platon. Mais, ayant sacrifié toutes les *causes formelles*, et parmi elles l'âme sensitive, il n'eut plus rien pour rendre compte des actes vitaux. Alors, il ne recula pas et apprit au monde étonné que la vie n'existe point. « La matière subtile qui fait dans un chien la fermentation du sang et des esprits animaux, et qui est le principe de la vie, n'est pas plus parfaite que celle qui donne le mouvement au ressort des montres ou qui cause la pesanteur dans le poids des horloges (1). » Pour mieux appliquer les lois de la mécanique au corps humain, il se sert de la circulation; mais, au lieu d'en adopter la découverte telle que l'avait donnée Harvey, il la défigure et y fait intervenir la mauvaise chimie du temps. Pour lui, ce n'est pas le cœur qui, par sa contraction active, pousse et chasse le sang dans les artères, ce qui est la vérité et

_____

(1) Ainsi s'exprime Malebranche (*Rech. de la vérit.*), qui est un disciple soumis de Descartes.

ce qu'avait établi Harvey : « le sang se dilate au
contact d'un feu sans lumière (qui est dans le
cœur) et qui n'est point d'autre nature que celui qui échauffe le foin lorsqu'on le renferme
avant qu'il soit sec, ou qui fait bouillir les vins
nouveaux lorsqu'on les fait cuver sur la râpe (1). »
Et c'est cette dilatation qui lance le sang et le
fait marcher dans ses conduits. Avec de la mécanique et une chimie complaisante, qui exécute
ce qu'on en exige, il explique toutes les fonctions
de la vie végétative. Pour celles de la vie animale,
c'est-à-dire pour les fonctions nerveuses, il a
recours aux *esprits animaux*, qui, plus heureux
que l'âme sensitive, avaient trouvé grâce devant
lui. Et, en vérité, à voir l'usage qu'il en fait,
on se demande comment il eût pu s'en passer.
Il croit que ces esprits, formés dans le cerveau
avec les particules les plus déliées du sang, em-
pruntent des qualités « au suc des viandes, »
aux boissons ; que le « vin réjouit, donne une
certaine activité à l'esprit quand on en prend

(1) Descartes, *Disc. de la Méth.*

avec modération, ou abrutit avec le temps quand on en fait excès (1) ; » à l'air qu'on respire : « Les Gascons ont l'imagination bien plus vive que les Normands ; ceux de Rouen et de Dieppe et les Picards diffèrent entre eux. » Il pense que, suivant que leur marche est pressée, rapide, agitée, ils ont des effets différents : « ..... Comme je viens de le dire, la libéralité, la bonté, l'amour dépendent de l'abondance des esprits ; la curiosité et les autres désirs dépendent de l'agitation de leurs parties, et ainsi des autres (2). » Et comme, pour compléter ce système, il fallait trouver un moyen de mouvoir les corpuscules dont sont formés les esprits, Descartes a le bonheur de découvrir ce moyen. Dans le cerveau il y a une petite glande, nommée *pinéale* ou *pituitaire*, attachée par deux bandelettes qui se perdent latéralement sur les bords du troisième ventricule. C'est de cette glande, simple et située sur le milieu, que partent les mouvements des esprits, et l'âme, assise en ce point comme en

(1) Malebranche, *Rech. de la vérité.*
(2) Desc., *Traité de l'homme*, éd. Cousin.

une sorte de siége (la glande est logée dans ce qu'on appelle la *selle turcique,* ou siége à la turque), guide les esprits par le moyen des deux bandelettes, comme le ferait un cocher de ses chevaux (1). Ainsi, le grand philosophe lui-même, qui est spiritualiste à l'excès, et a mérité un peu ce nom que lui envoyait Gassendi, en badinant, sous forme de reproche : *ô esprit!* a cherché un point de jonction entre l'âme et le corps, et tombe dans la faute grossière de vouloir déterminer le siége de l'âme.

En résumé, tout est de la mécanique dans le corps humain. Les animaux sont des *machines;* « les passions de l'âme » elles-mêmes sont produites par le mouvement des esprits animaux. Par conséquent, la sensation, l'affection et la passion sont rejetées hors de l'esprit, et celui-ci ne possède que la pensée pure. Dans le monde entier, il y a de la matière étendue, douée de mouvement, et de la pensée qui est inétendue. Une telle doctrine est grande, hardie et nouvelle.

(1) *Traité de l'homme,* éd. Cousin.

L'esprit et le corps ne sont pas associés ; un sillon infranchissable les sépare.

Nous n'avons pas à dire de quel éclat brillèrent ces idées pendant le XVIIᵉ siècle, en France, en Hollande, en Europe. Lorsqu'un système grandiose a été créé, il imprime sa marque sur toute chose, et entraîne les idées et les hommes dans une sorte de tourbillon, malgré les résistances, jusqu'à ce que le temps en ait amené l'usure, ou que d'autres conceptions l'aient remplacé.

Leibnitz n'a pas embrassé la question de la vie avec la même passion que Descartes. Mais il a émis sur l'ensemble de la nature des vues dont quelques-unes sont remarquables. Il n'adhère point à l'automatisme des bêtes, et déclare qu'on ne peut assimiler une *machine naturelle* avec ce qui est le produit de notre industrie. Le Créateur a déposé dans chaque corps une force, et les forces, qui varient d'après les composés, ne se perdent pas : au lieu de disparaître, elles se transforment. Cela est la cause qui explique les changements apparents que l'on voit dans les

êtres. Ceux-ci, animaux ou autres, ne naissent
ni ne meurent, « sont ingénérables et impéris-
sables. » Entre les forces, il y a une mutation,
un échange perpétuels; d'où il suit que « le
présent est gros de l'avenir, que le futur pourrait se lire dans le passé, que l'éloigné est ex-
primé dans le prochain. » Non seulement le philosophe illustre de Leipsick se sépare de Descartes,
en distribuant partout des forces dans la nature;
mais, remontant à travers les âges, il se rattache
sans hésiter à la doctrine d'Aristote. Pour lui,
comme pour le Stagirite, les corps sont composés d'un *substratum*, ou agrégat matériel, et
d'une substance simple, qu'il appelle *monade*
ou entéléchie, quelquefois même *forme,* comme
pour mieux marquer la source où il a puisé ses
croyances. Les monades, qui sont *simples*, ainsi
que leur nom l'indique, donnent, en s'unissant à la
matière, des composés, ou *les corps*. Lorsque la
monade est jointe à de la matière seulement étendue, elle produit *les corps sans vie*. Si elle est
unie à un corps organisé, elle forme *un vivant*,
ayant des perceptions confuses et indistinctes : la

plante. Unie à un corps organisé plus élevé, qui
a des organes disposés pour transmettre les impressions des objets extérieurs, elle fait *un animal* doué de sentiment et de mémoire, et cette
monade *est une âme.* Enfin, lorsqu'elle est jointe
au corps de l'homme, la monade, outre le sentiment et la mémoire, possède la conscience et la
raison, et, par la raison, elle a le don de comprendre « les vérités éternelles et nécessaires ; »
cette monade est *un esprit.* Et toute cette chaîne
de forces est si exactement la représentation des
idées d'Aristote, que l'auteur moderne dit :
« L'âme est l'entéléchie dominante de l'animal ; »
l'auteur ancien avait dit : « La première entéléchie. » Le moderne dit : « Les animaux, parce
qu'ils sont des machines naturelles et divines,
ont une monade dominante, tandis que les machines de nos arts n'en ont pas. » Au reste,
pour mieux indiquer la distance qui est entre
l'âme de l'animal et celle de l'homme, l'inven-
teur des monades désigne presque toujours la
dernière par le mot *esprit.*

L'on pourra trouver avec raison que Leibnitz

n'a pas assez profité de la victoire remportée
par Descartes sur les fausses âmes, et qu'il
conserve une certaine attache avec la scolastique (1). Mais il a le mérite d'abord de s'être
passé des esprits animaux, ensuite et surtout
d'avoir résisté à la domination cartésienne, en
maintenant des forces vives dans la nature, et
spécialement dans le monde organisé. Sa doctrine n'est pas un progrès sur celle d'Aristote;
mais elle élève la voix en sa faveur et affirme
qu'au lieu de laisser les actions vitales aux lois
mécaniques, il faut les étudier de nouveau et à
un autre point de vue.

L'école mathématique (dite *Iatro-mécanique*),
qui était devenue prépondérante par l'influence
de Descartes, en s'unissant d'ailleurs sans scrupule avec l'école chimique (ou *Iatro-chimique*)

(1) On le peut voir par cette citation : « Il y a cela de particulier dans les animaux raisonnables, que leurs petits animaux spermatiques, tant qu'ils ne sont que cela, ont seulement des âmes sensitives ou ordinaires ; mais dès que ceux
qui sont élus, pour ainsi dire, parviennent par une nouvelle
conception à la nature humaine, leurs âmes sensitives sont
élevées au degré de la raison et à la prérogative des esprits. »

qui l'avait précédée, s'efforçait donc ou bien de
nier la vie, ou d'en rendre compte à sa manière,
lorsque, vers la fin du XVII° siècle, le médecin
Georges-Ernest Stahl vint se mêler à la question. Il était à la fois naturaliste, chimiste, physiologiste, habile en toutes les sciences, et n'é-
tait pas étranger à la métaphysique, ainsi que
le montre une célèbre controverse avec Leibnitz,
qui ne dédaigna pas de l'avoir pour adver-
saire (1). Le nouveau venu commença par ruiner de fond en comble tout l'échafaudage
ancien. Troublé par le voisinage de Fred. Hoff-
mann, qui propageait à côté de lui, à Halle,
l'enseignement iatro-mécanicien, il s'éleva avec
force contre la chimie et la physique appliquées
à la médecine, et montra que ces deux sciences
sont loin d'expliquer tout dans l'organisation.
Puis, s'attaquant à toutes les idées antérieures,
rejetant les esprits aussi bien que les âmes organiques, après avoir élevé contre les uns et les

(1) Voir le *Negotium otiosum* dans le travail intitulé *le
Vitalisme et l'Animisme de Stahl*, par M. Albert Lemoine,
et surtout dans les œuvres de Stahl, traduites et commentées
par M. le docteur Blondin, t. VI, 1864.

5.

autres une critique admirablement entendue, il
se trouva, à l'instar de Descartes, sans fil con-
ducteur pour sortir du labyrinthe de la vie.
Descartes avait supprimé la vie. Stahl ne le
pouvait pas, parce qu'il y croyait, la voyant tous
les jours se dérouler sous ses yeux de naturaliste et de médecin. Alors, dominé par cette pensée d'Aristote, qu'une âme seule est capable de
diriger et de coordonner des détails infinis,
n'ayant devant lui que l'âme de la raison et de
l'intelligence, il la plaça à la tête de la vie, suivant la même pente que Descartes, c'est-à-dire
la logique absolue, et aboutissant à une conclusion inverse : il y a une seule âme dans
l'homme, et elle est la cause de tout ce qui s'y
passe. Elle informe le corps, l'organise, en sur-
veille les actes les plus grossiers, les plus in-
fimes, les plus lointains, et elle est en même
temps la lumière qui nous donne la raison et
nous rapproche de Dieu, dont nous sommes
l'image. Ainsi fut fondé l'*animisme* de Stahl,
un animisme sans hésitation, que l'on nomme
aussi *Stahlianisme*.

Lorsqu'on regarde ces deux opinions extrêmes de Descartes et de Stahl, on est saisi d'étonnement devant la hardiesse de l'esprit humain. Chose étrange aussi ! ces deux idées excessives n'ont pas été conçues seulement par Descartes et Stahl. Dans un ouvrage du XVIᵉ siècle, se trouve toute la théorie de l'automatisme des bêtes (1); et Claude Perrault, médecin et architecte, ennemi de Boileau et auteur du plan de la colonnade du Louvre, a développé tout le fond de l'animisme stahlien (2).

Tandis que les explications physiologiques étaient livrées à ces théories diverses, l'anatomie et le jeu des fonctions vivantes captivaient des travailleurs patients, qui, sur bien des points, amassaient des connaissances précises. Peu à peu, on se déshabituait des discussions générales, on oubliait le culte des âmes et des esprits, et leur nom lui-même a disparu du milieu à la fin du XVIIIᵉ siècle. Les esprits animaux,

---

(1) *In Antoniana Margarita*, 1554, par Gomez Pereira. — On peut voir dans un long article de Bayle, au mot Pereira, la discussion qui s'engagea parmi les cartésiens.

(2) Œuvres de Cl. et Ch. Perrault, t. II, p. 547.

dernier reste d'une religion abandonnée, furent
convertis par Haller en un fluide qu'il nomma
nerveux, ou *vital,* ou *animal.* Quel pas immense accompli par ce seul changement dans
les noms ! Et il établit que le fluide nerveux,
qui ressemble au fluide électrique, sans toutefois se confondre avec lui, est une force analogue aux forces admises par les physiciens :
l'attraction, le calorique ; que, enfin, ce fluide
est l'agent de la sensibilité, qui est la propriété
du tissu nerveux. Déjà, au siècle précédent,
Glisson avait parlé de l'irritabilité. Le même
Haller étudie avec un extrême soin la contrac-
tilité musculaire et la sensibilité nerveuse. Voilà
donc trois propriétés connues, et Bordeu en si-
gnale d'autres. Or, des propriétés de tissus, des
fluides ou des forces pour réaliser ces propriétés, voilà des mots qui sont de la langue
moderne, et nous les retrouverons désormais à
chaque pas devant nous. Le passé s'écroule, et
nous sommes à la véritable aurore de la science.
Il s'agira maintenant d'étudier les ensembles de
matière organisée, qui constituent les organis-

mes, de distinguer les tissus entre eux, les éléments anatomiques, organiques, de connaître
leurs propriétés, que quelques-uns nomment
forces. Mais, avant d'aborder ce terrain, il faut
nous arrêter encore à un dernier système qui,
paraissant à la fin du XVIIIᵉ siècle, a été la voix
suprême du passé. Il s'agit de ce que l'on appelle le *vitalisme* de Barthez ou de Montpellier,
de la théorie du *principe vital*.

La doctrine de Barthez est construite d'une
manière plus scientifique et avec plus de solidité
qu'on ne le croit généralement. Après avoir réfuté l'animisme de Stahl et reconnu avec ce dernier que les lois de la chimie et de la physique
ne sont pas suffisantes pour expliquer les détails et surtout l'ensemble des actions organiques, il admet que la vie a besoin d'une cause,
que cette cause, étant du ressort de la philosophie naturelle, se découvre par l'expérience, et
est par conséquent une *cause expérimentale*. Les
phénomènes de la nature, dit-il, ne peuvent
nous faire connaître la vraie « causalité ou l'action nécessaire des causes dont ils sont les ef-

fets (1). » Or, lorsqu'on est arrivé à admettre
hypothétiquement une de ces causes expérimen-
tales, il est utile d'employer le nom qu'on lui a
donné, comme si cette cause ou faculté était
tout à fait connue, parce que l'emploi d'une telle
expression abrége et simplifie le langage ; c'est
pourquoi il se servira du mot *principe vital*
dans l'étude des phénomènes des êtres vivants.
Ce principe a-t-il une existence propre, indépendante, ou simplement « est-il un mode inhérent
au corps humain, auquel il donne la vie ? » A
cet égard, la science n'a pas de réponse : on
peut adopter l'un ou l'autre avis. Lui-même pen-
che plutôt vers le premier, mais déclare qu'on
ne peut rien affirmer sur ce point. « Si donc,
dans tout le cours de l'ouvrage, je personnifie le
principe vital, c'est pour en parler d'une manière plus commode; mais rien n'empêche
qu'on ne lui substitue la notion abstraite d'une
faculté vitale du corps humain, qui nous est
inconnue dans son essence. » On voit combien

(1) Barthez, *Nouv. élém. de la sc. de l'homme,* 2ᵉ édit.

est sage la marche du médecin de Montpellier.
La vie a besoin d'une cause ; cette cause n'est
ni l'ancienne âme sensitive, ni notre esprit ; elle
est donc une cause particulière, *sui generis*,
une cause de vie ou un principe vital. Y a-t-il
une objection contre un système aussi simple ?

Les objections sont sorties des conséquences
de la doctrine. Un principe qui dirige, gouverne,
auquel obéissent les propriétés et les fonctions
organiques, usurpera bientôt et nécessairement
tous les pouvoirs qu'on lui refuse par scrupule.
Il deviendra souverain absolu dans le corps,
substantiel comme une âme. Le temps a prouvé
qu'il en était ainsi, sinon aux yeux des disciples
prudents et éclairés de Barthez, au moins pour
un grand nombre de médecins, et il est devenu
visible que la théorie du principe vital a été un
déguisement, un renouvellement scientifique de
la vieille idée des anciennes âmes, qui aiment
mieux se transformer que périr.

Le vrai reproche à adresser à Barthez est
donc d'avoir créé un principe, c'est-à-dire un
prince dans le gouvernement de la vie ; et la

justesse de ce reproche devint manifeste lorsque Bichat, dans l'école de Paris, donna son exposition des *forces vitales*. Dans ce système nouveau, chaque force agissait dans l'étendue de son département, et il y avait en quelque sorte dans le corps humain une oligarchie à la place d'un empire centralisé. Son vitalisme, presque contemporain de celui de Barthez, entraîna particulièrement ce que l'on appelle dans les sciences l'école de Paris, et pendant toute la première moitié du XIXe siècle, les naturalistes et les médecins se partagèrent entre les deux doctrines rivales, qui, se séparant beaucoup en apparence, se rapprochaient sous des rapports essentiels.

Cette opinion, que les partisans de Barthez et de Bichat s'appuient sur des idées communes, fausses et anciennes, demande à être éclaircie, et elle va être justifiée, nous l'espérons, par ce qu'il nous reste à dire sur l'état de la science moderne et de la biologie actuelle.

VI

Époque actuelle. — Opinions modernes.

Les êtres vivants ne sont pas isolés dans le
monde ; ils font partie du monde et y sont placés de manière à ne se pouvoir passer des
lois de la physique générale. L'air, l'eau, la
chaleur, l'électricité, les affinités, toutes les lois
physiques et chimiques leur sont nécessaires, à
ce point que, sans ces influences, ils n'existe-
raient pas. Par conséquent, pour connaître l'organisation, il faut que la physique et la chimie
soient constituées. Il faut, de plus, et on le
comprend aisément, que l'anatomie des organes
et des tissus, ainsi que l'anatomie comparative

ou comparée soient établies. Ces sciences diverses
n'ayant commencé de paraître qu'à la fin du dernier siècle, il s'ensuit que toutes les conclusions
antérieures à nous n'ont pu être que provisoires.
Il est permis même d'avancer, sans crainte d'erreur, que toutes les sciences précitées étant encore imparfaites et en évolution, on ne saurait
prétendre, dès à présent, à une solution défini-
tive sur les conditions et les causes de la vie. Le
but est si éloigné même, qu'on ne peut affirmer
ni quand, ni si on y parviendra. Il s'agit donc
principalement de déterminer ce qui est tout à
fait acquis.

Parmi les choses à rejeter est cette première
pensée que la matière est, par elle-même, inac-
tive. Tous les corps de la nature ont en eux une
activité propre, aussi bien ceux qui ne vivent pas
que ceux qui vivent. Aucun corps, pas même
les organisés, n'a donc besoin d'une force ex-
trinsèque, venant du dehors, pour s'y adapter
ou s'y infuser. En second lieu, toute force ou
propriété (nous employons ici ces deux mots
dans le même sens, bien que nous sachions

qu'ils ne sont pas synonymes) est inhérente à la matière et inséparable de la matière. Cette proposition tranche le doute que Barthez avait laissé planer sur l'indépendance de son principe vital, et, pour rendre justice à qui de droit, il faut rappeler qu'Aristote déclare que l'entéléchie est inséparable du corps vivant. En troisième lieu, quelle que soit la cause de la vie, cette cause ne lutte pas, n'est pas en antagonisme avec les lois du monde général. Cette croyance à l'antagonisme, qui, avec l'inertie de la matière, a défrayé tout le moyen âge et les temps antérieurs à nous, est une erreur absolue. L'être vivant est soumis, aussi bien que les autres corps, aux conditions et aux lois de la physique et de la chimie. Ce qui est à rechercher, c'est s'il a en lui d'autres lois qui se surajoutent aux premières en s'y accommodant ; cela va être examiné tout à l'heure ; mais il n'y a ni lutte, ni opposition entre ce qui possède la vie et le monde qui en est privé.

Ces propositions, qui font actuellement partie de la philosophie naturelle, condamnent les idées

de Bichat aussi bien, plus même que celles de
Barthez. Le vitalisme du chef de l'école de Paris
est précisément fondé sur ce principe faux, que
l'organisme est sans cesse obligé de résister aux
influences extérieures ; il définit la vie : « l'ensemble des forces qui résistent à la mort, » tandis que la mort n'est rien qu'une négation,
comme le froid, qui est l'absence du calorique.
En outre, il accorde à chacune de ses forces
vitales une sagacité et une intelligence qui réali-
sent, dans un cercle plus étroit, la direction ou
le gouvernement que Barthez avait attribués au
principe lui-même Ces seules remarques suffisent pour montrer comment, malgré leurs efforts et leur originalité puissante, ces deux physiologistes se rattachent aux vieilles idées, et
comment ni l'un ni l'autre ne méritent le culte
exclusif ou absolu qu'on leur voit rendre chaque
jour, par habitude, devant les académies ou
ailleurs.

On aperçoit aisément combien chacun des pas
que nous venons de faire rétrécit le cercle de la
vie tel qu'on l'entendait autrefois. La seule

question qui reste vraie est celle-ci : faut-il une
force ou propriété particulière pour expliquer la
vie, agissant dans le corps organisé avec les
forces générales et en plus d'elles? Descartes
avait tranché la question *à priori*. Mais, dans les
sciences, les conclusions ne sont vraies que si
elles ont été démontrées, et l'on peut croire que
son affirmation n'a en rien servi aux travaux
ultérieurs. La chimie, de nos jours, seule, pouvait s'avancer dans une telle voie, et, soit parce
qu'elle a beaucoup fait déjà, soit parce qu'elle a
les espérances infinies que donne la jeunesse et
même l'inexpérience, elle prétend, un peu ou tout
à fait, remplacer dans les êtres vivants toutes
les forces anciennes. M. Moleschott, à la fois chimiste et physiologiste habile, soutient avec fermeté cette doctrine. On doit reconnaître néanmoins que les adhérents de cette opinion sont
peu nombreux, que les chimistes les plus inventeurs et les plus autorisés conviennent de l'impossibilité où l'on est de réduire tous les phénomènes vitaux aux lois physico-chimiques. Or, un
seul acte organique, échappant à ces lois et re-

tombant dans le domaine spécial de la vie, ouvre l'accès au vitalisme, car l'irréductibilité de la force vitale importe plus que le nombre de ses modes ou même sa nature. Aussi est-il un peu puéril de voir les barrières artificielles que l'animosité des discussions a établies entre les écoles rivales. Est-ce que les partisans de Barthez, de Bichat et d'autres ne sont pas tous des *vitalistes?* Pourquoi des médecins tiennent-ils à s'appeler *organiciens* (Rostan)? Est-ce qu'il n'est pas accepté dans tout vitalisme moderne que les organes sont nécessaires aux actions vitales, puisqu'il est entendu même qu'une force ou propriété quelconque n'existe pas en l'absence et en dehors du *substratum* matériel auquel elle est unie? Il y a plus : des forces vitales ne peuvent pas avoir la prétention d'être autre chose qu'un mode d'action matérielle, puisqu'elles appartiennent à la matière, qu'elles sont de l'ordre et du domaine matériels. Elles ne sont donc ni indépendantes de la matière, ni séparées d'elle.

Ce motif, et il y en a bien d'autres, suffirait

pour faire condamner l'animisme de Stahl et le rajeunissement inattendu que lui apportent, au milieu de nous, des hommes distingués (1). Les nouveaux animistes, pour soutenir leur avis, que notre esprit fait dans notre corps tout ce qu'il n'a ni la volonté ni la conscience de faire, réfutent ce que l'on appelle le *duodynamisme* de Montpellier, c'est-à-dire la doctrine double du principe pensant et du principe vital. Mais peut-on assimiler la vie et l'esprit, et, les regardant comme deux forces, deux pouvoirs, les mettre sur la même ligne? C'est là une erreur profonde. La cause ou les causes de la vie sont inhérentes à la matière organisée, tandis que l'esprit, *et lui seul*, est distinct du corps, séparable du corps, et est une substance spirituelle. Que dirait à des croyants d'une foi si étrange l'ombre de René Descartes, qui, lui, avait mieux aimé

(1) M. Franc. Bouillier, *Du principe vital*, Paris, 1862; M. Tissot, *La Vie dans l'homme*, Paris, 1861; M. Alb. Lemoine, *Vital. et Anim. de Stahl*, 1864; M. le Dr Briau, *Rev. contemp.*, livr. 31 mars 1863. — Émile Saisset a bien réfuté tous les partisans modernes de l'animisme.

souffler sur la vie et l'éteindre que de compromettre notre âme ?

Pour achever ce tableau, nous ne pouvons mieux faire que d'examiner les opinions du premier physiologiste de notre pays, et peut-être de notre temps. M. le Dr Claude Bernard a le droit de représenter la science actuelle, non seulement à cause de ses découvertes en physiologie, mais parce qu'il est du très-petit nombre de ceux qui, à des connaissances exactes et précises, associent des vues générales et élevées. Il est un savant de premier ordre, et, bien qu'il maltraite volontiers la métaphysique, les métaphysiciens lui font des avances pour n'avoir rien écrit contre le spiritualisme. L'on peut trouver qu'il accorde une trop grande importance à ce qu'il nomme la *méthode expérimentale* (1) en biologie et en médecine. Ce moyen de connaître est plutôt un procédé qu'une méthode, et a toujours fait partie, avec l'observation (2), de la grande méthode de

(1) *Introduction à l'étude de la médecine expérimentale.* Paris, 1865.

(2) M. Coste, dans la séance du 29 juin 1868 de l'Académie

l'*expérience,* qui a été considérée dans tous les temps comme la seule voie qui conduit au progrès dans les sciences. On pourrait faire une remarque pareille à propos de ce qu'il nomme le *déterminisme,* mot fixé par lui dans un sens nouveau pour désigner une chose ancienne. Mais ses idées sur la vie ont une telle portée, qu'on doit le regarder comme un chef d'école. Il établit d'abord que toute action organique a besoin, pour se réaliser, de la coopération de la physique et de la chimie; ensuite, que l'intervention physico-chimique est ici de même ordre que dans le monde minéral. Il avance même davantage dans ce sens, et va jusqu'à dire ceci : « que les propriétés vitales n'ont pas plus de spontanéité par elles-mêmes que les propriétés minérales, et que ce sont les *mêmes conditions physico-minérales qui président aux manifestations des unes et des autres* (1). » A ne

des sciences, a réclamé en faveur de la méthode d'observation.

(1) *Introd. à la médecine expérim.,* 1865; *Rapport sur les progrès et la marche de la physiologie générale en France,* 1867. Imp. impériale.

considérer que cette dernière phrase, il semble
que la vie n'a aucune chance de se maintenir
devant M. Bernard, et qu'il va conclure comme
Descartes, avec les formules de la science moderne. Mais, en réalité, il ne nie pas aussi absolument la vie. Le fond de sa pensée est que, quand
l'être vivant est créé, une fois que ses organes
fonctionnent, il ne se passe rien de spécial dans
le corps, qui demeure tout entier sous l'empire
des lois physico-chimiques. Mais, « à l'origine, »
ou « pour la création d'un nouvel être vivant, »
il y a nécessité d'une force spéciale, d'une force
de vie. Cette force de vie est « une cause première créatrice, législative et directrice de la vie,
inaccessible à notre connaissance. » Cette cause
première, ou d'origine, « une fois déposée dans
le germe, se réalise comme une idée. »

Ainsi, entre l'opinion de Descartes et de
M. Moleschott d'une part, et celle des vitalistes
ordinaires de l'autre, se trouve une école, re-
présentée en France par M. Bernard, dans
laquelle, en attribuant presque toutes les actions
organiques aux lois physico-chimiques, on re-

connaît néanmoins à l'origine une force spéciale.
Il est donc aisé de voir que presque tout le
monde admet une certaine part de vitalité dans
l'organisation. On se divise sur la proportion à
accorder aux forces du monde général ou aux
forces particulières; plus ou moins on est vita-
liste, plus ou moins physico-chimiste, et c'est
en réalité à la mesure de ce partage que se
comptent les écoles diverses ; mais tous tolèrent
ou acceptent une part pour chaque influence.
Nous voulions arriver à cette conclusion, qui est
celle de la science moderne la plus avancée. Pour
nous, d'abord nous voudrions agrandir le cercle
trop étroit que M. Bernard a placé autour de la
vie ; nous croyons qu'il n'y a pas eu seulement
une action vitale à l'origine de chaque corps
vivant, et que plusieurs actes organiques, tels
que la contraction musculaire, l'innervation,
exigent une influence spéciale; que même dans
presque toute action organique il y a quelque
chose de super-physico-chimique. Puis, comme
historien, nous nous réjouissons de voir la vie,
même réduite à une première étincelle, sortir de

tant d'épreuves. Assurément il faut accueillir encore toutes les conquêtes que fera la chimie. Si par des progrès nouveaux on réalise l'espérance de M. Bernard, savoir : « que la cause prochaine ou exécutive du phénomène vital est toujours physico-chimique, » pourquoi s'en plaindre ? En quoi la grande harmonie du monde en serait-elle troublée ? Il resterait encore cette première force (nommée *nisus formativus* par Blumenbach au XVIIIᵉ siècle), cause de création, déposée dans le germe et qui se déroule, « se réalise comme une idée » à travers les actes physico-chimiques. Or, cette force de vie, la dernière qui reste debout dans la tête du savant lorsqu'il pense et réfléchit après les expériences de son laboratoire, cette force n'est-elle pas le souffle même qu'Aristote avait déposé dans la science, et qui, changeant de nom plusieurs fois, tantôt voulant tout envahir, tantôt opprimée et en apparence vaincue, reparaît comme une flamme vive dont la clarté est nécessaire pour faire comprendre les actes de la vie ?

SECONDE PARTIE.

I

Consensus des actions vitales et impossibilité d'en donner une théorie scientifique.

Si, par l'illustration des hommes qui s'y trouvent mêlés, l'histoire de la vie offre de l'intérêt,
la vie elle-même est bien plus grande que son
histoire. En même temps que se rétrécit le
cercle de ses causes particulières, par le progrès des sciences générales, son domaine s'é-
largit chaque jour, et ses dépendances prennent
une portée sans bornes. Il semble que la poésie, en se retirant des créations de l'esprit humain, se découvre mieux et éclate davantage

6.

dans les œuvres de la nature. Quelle est la cause du *consensus* qui se remarque dans chaque être vivant et dans chaque organisme? Quelle est l'origine de l'homme? La vie rend-elle compte de toute la nature humaine? Pour de pareilles questions et d'autres qui ressortent des modalités de la vie, on comprend quelle est notre incompétence. Nous allons seulement en dire quelque chose, pour compléter le tableau que nous avons voulu tracer.

Les corps vivants sont composés des mêmes éléments matériels que les corps inorganiques. Dans les premiers, ces éléments s'arrangent en une structure formée de liquides et de solides, d'éléments anatomiques, de tissus, d'organes, d'appareils d'organes, le tout donnant lieu à un *organisme*, et, dans cet organisme, les actes exécutés par les propriétés physico-chimiques et les propriétés organiques ou vitales, associées, marchent vers un but avec ensemble et harmonie. A mesure que les combinaisons et l'arrangement moléculaire se compliquent, que la matière organique avance de complexité en complexité, les propriétés suivent un progrès parallèle. Le corps vivant plonge dans le milieu cosmique, dont il ne peut se passer, et il a une existence propre, une vie particulière dans ce milieu. Au sein de lui-même, chaque partie, chaque appareil, organe ou tissu, représente un tout qui a pour milieu l'ensemble dont il a également besoin. De sorte qu'il y a un échange de rapports et de nécessités, d'une part entre les parties d'un organisme et son ensemble, d'autre part entre chaque organisme et le monde. Et de plus, entre tous les organismes séparés, entre leurs groupes, leurs divisions et leurs classes, les végétaux et les animaux, par exemple, s'échangent de perpétuels rapports, qui font qu'il y a partout une vie séparée, une existence distincte et en même temps un lien universel, embrassant le tout et le faisant vivre d'une vie commune. C'est en ce sens que l'on a envisagé la nature comme la mère des choses, *rerum alma mater,* et que l'on a pu, en admettant un grand monde, *macrocosme,* et un petit monde, *microcosme,* les comparer entre eux.

Une fois créé, l'être vivant accomplit deux destinations. Il vit un certain temps pour lui-même, et laisse, après lui, une lignée dont chaque membre périra à son tour, mais dont la suite sera indéfinie. La vie de l'individu s'entretient par une sorte de génération spontanée continue, qui a lieu au moyen de la nutrition, des sécrétions, de la respiration, etc. La vie de l'espèce se maintient par la génération proprement dite, et la nature a entouré ce dernier acte de tant de soins et de ressources, que l'on dirait qu'elle en a fait son but suprême, comme si elle avait plus désiré la perpétuité des espèces et des types que la vie des individus, dont quelques-uns meurent aussitôt qu'ils ont concouru à la reproduction. Dans cette transmission de la vie, des parents, qui disparaissent, aux races, aux espèces, aux types, qui vivront toujours, quel assemblage de lois merveilleuses ! Considérez les graines de tant d'arbres variés, et voyez si l'on pourrait prévoir la différence des produits par celle des semences? Examinez les spermatozoaires du mâle, la vési-

cule des femelles; étudiez l'œuf dans ses rudi-
ments, l'embryon dans sa première substance,
et dites si l'on aperçoit la cause qui décidera
que le produit sera tel animal plutôt que tel
autre. Voilà un embryon humain de quelques
jours ou de quelques semaines; voilà même un
enfant venu au monde et qui commence à pos-
séder la vie; à quoi reconnaîtra-t-on que cet
enfant provient d'un père fou, ou épileptique,
ou atteint d'une diathèse, et qu'un jour, à tel
âge, cet enfant, devenu un homme, sera exposé
à perdre la raison ou la santé? En quelque lieu
que l'on porte ses regards dans le monde organisé, on aperçoit des choses qui font croire à
un plan, à un but; et le plan ou le but se des·
sine ou s'accuse avec un caractère croissant à
mesure que l'on monte des animaux inférieurs
aux supérieurs. Il en est ainsi pour les organes
de la circulation sanguine, de la respiration,
pour les sens en général et chacun des organes
des sens en particulier, pour tous les appareils
et toutes les fonctions. Avec le plus ferme désir
de ne point admettre les causes finales, est-il

possible de ne pas croire que l'œil ne soit admirablement fait pour recevoir les rayons de
lumière, et que dans la génération, les deux
facteurs, le mâle et la femelle, ne soient confor-
més l'un pour l'autre?

Quelle est la cause de ce concert, de ce plan,
de la tendance vers une fin, ou des « marques
de dessein ? » Aucune pensée n'avait plus occupé les anciens, qui, depuis Pythagore, avaient
désigné sous le nom d'âme tout ce qui dirige
et gouverne dans le monde ou dans l'homme.
C'est la même pensée persistante qui a fondé,
entretenu et rendu si difficile à déraciner l'animisme vital, et aujourd'hui que ce dogme,
miné graduellement par le progrès de la science
exacte, a enfin disparu, il nous laisse un regret
d'autant mieux senti, que nous n'avons, il faut
en convenir, rien pour mettre à sa place. M. Littré a essayé de combler le vide de la manière
suivante : « ..... Quant à la disposition des organes pour leur fin, il est de fait que la matière organisée est douée de la propriété de
prendre l'arrangement qui convient à la fonc-

tion ; les organes ne naissent pas autrement que
par et pour une accommodation de la matière organisée à ces fins (1). » Et comme il remarque
que Hégel a émis une opinion métaphysique qui
a de l'analogie avec la sienne, il revendique pour
lui le droit d'avoir le premier, en biologie, « as-
similé à la disposition des parties pour leurs
fins la propriété qu'a le tissu vivant de se nourrir, le tissu musculaire de se contracter, le
tissu nerveux de sentir. » Mais, en réalité,
croire que l'on a résolu ainsi la question, c'est
se contenter d'une apparence, car l'on met
simplement le fait lui-même à la place d'une
explication. Il vaut mieux dire que le problème
est au-dessus de la science.

Au reste, pour bien concevoir la nature de
ce problème, il ne faut pas s'enfermer exclusivement dans la question de la vie. Lorsqu'on
étend ses regards sur le monde, on découvre
des lois qui, si elles n'expliquent pas d'une manière scientifique ce qui nous étonne dans les

(1) *Matérial. et spirit.*, par M. Alph. Leblais, préface par
M. Littré, 1865.

êtres vivants, nous aident au moins à le comprendre. En effet, l'ordre et l'harmonie sont ailleurs que dans le domaine de l'organisation. Ils règnent dans le monde physique, dans le cours des astres, dans l'échange des masses liquides entre l'air et la surface des eaux, et éclatent dans tous les phénomènes naturels qui nous entourent. C'est en vertu de lois d'ordre et d'harmonie que les végétaux rejettent dans l'atmosphère une plus grande quantité d'acide carbonique durant la nuit et plus d'oxygène dans le jour; que le règne végétal tout entier, qui puise sa nourriture dans le sol, dans l'air ou dans l'eau, transforme la matière brute en substance organique, et est un laboratoire où les animaux trouvent les *principes immédiats* tout créés pour alimenter leur organisation plus complexe; que, dans le monde organique lui-même, une partie semble n'arriver à la vie que pour servir de moyen de vivre à une autre, puisqu'une quantité innombrable d'animaux se nourrit de végétaux, que les oiseaux se nourrissent d'insectes, pour devenir eux-mêmes la pâture d'autres animaux, etc., de façon que la vie est sans cesse détruite pour refaire la vie. Chacune de ces lois, et bien d'autres, suit une marche régulière depuis le commencement des choses, est établie en prévision d'un but et d'une fin. A les considérer isolément, on ne saurait trouver le principe qui régit chacune d'elles ; mais on les comprend si on les contemple dans l'ordonnance générale du monde. Il devient manifeste alors qu'au lieu d'attribuer des intentions, une volonté, un principe dirigeant à chacun des groupes que nous offre la nature, il vaut mieux ne voir partout que des lois naturelles, et transporter l'unique direction à celui qui a tout créé.

II

Insuffisance de la démonstration de Darwin pour faire remonter
toutes les espèces vivantes à un prototype unique.

Déjà, vers la fin du XVIII° siècle, lorsque l'on
commença à étudier les races qui composent
l'espèce humaine, et depuis ce moment jusqu'à
nos jours, on a attaché une extrême importance
aux variations dans la couleur, dans le système
pileux, dans la conformation du crâne et à toutes
les différences que l'on pouvait considérer
comme habituelles à des groupes. Pour déterminer ces groupes on s'entendait à peu près,
en se basant sur certains caractères physiques;
mais la division devenait grande quand on voulait apprécier la signification des différences ob-

servées. Pour les uns, chaque race principale
constituait dans l'espèce une fraction séparée,
ayant une origine distincte et conservant jusqu'à
l'infini ses caractères propres, à la manière dont
les espèces elles-mêmes étaient regardées comme
immuables. C'était l'avis de ceux que l'on appelle, en langage d'anthropologie, les polygé-
nistes. Les monogénistes, au contraire, soute-
naient que les variations sont les résultats des
milieux, des croisements, même des civilisations, et que l'espèce humaine ne forme qu'un
tout dont la souche a été unique et pouvait être
rapportée à un premier et unique couple. Bien
que les études de la philologie comparée sem-
blassent favorables à ce dernier avis, en montrant que toutes les langues parlées sur le globe
dérivent d'un très-petit nombre d'idiomes pri-
mitifs, si ce n'est d'un seul, les savants proprement dits se rattachaient plutôt à l'origine multiple; et l'on vit de toutes parts accentuer les
caractères distinctifs des races, à ce point que
la constitution physique native devint une cause
aussi déterminante pour les aptitudes morales,

théologiques ou politiques que pour la classification naturelle. En avançant dans cet ordre
d'idées, on attribua un rôle nécessairement pré-
pondérant, dans l'histoire et dans la civilisation,
à certains groupes, brisant en quelque sorte,
non seulement l'unité, mais les liens de la famille humaine, et rejetant aux degrés inférieurs
des peuplades sauvages qui seraient condam-
nées, par des conditions originelles et fixes, à
être un intermédiaire entre l'animal et l'homme.
Comme plusieurs des partisans de cette opinion
reconnaissent dans les animaux une raison,
qu'ils nomment « raison animale, » on eut
ainsi une échelle à la fois morale et zoologique,
et il y eut trois sortes de raisons : la raison
humaine, la raison animale et la raison des
peuples pour toujours disgraciés, laquelle est
« intermédiaire » et est caractérisée par l'absence de la faculté de l'abstraction (1).

Pendant que cette manière de considérer l'espèce humaine gagnait du terrain auprès des

(1) *Dict. de méd. de Nysten,* édit. par MM. Littré et Robin,
au mot *Raison.*

savants, et dérangeait, en les troublant, les
opinions anciennement reçues, un nouveau cou-
rant se préparait dans un sens inverse, à la
suite des travaux de M. Ch. Darwin. Ce naturaliste ingénieux et profond, en étudiant les variations que subissent les espèces animales domestiques et les espèces végétales, est arrivé à
croire et à proposer d'admettre que les *espèces
naturelles* ne sont pas fixes, mais sont les anneaux d'une chaîne infinie et mobile, qui se
transforme perpétuellement, en passant d'un
degré à un autre : de sorte que rien n'est per-
manent dans le monde de la vie, et que les espèces, regardées autrefois comme immuables,
ne sont que des variétés dans l'ensemble. « Les
causes de variations sont l'action directe du
climat, de la nourriture, les effets de l'usage
et du non-usage, de la descendance. » Dans la
lutte que se livrent entre eux les êtres vivants,
ou dans « la concurrence vitale, » la conservation des variétés « jouissant d'un avantage de
structure ou d'instinct constitue la *sélection naturelle,* que M. Herbert Spencer appelle *la sur-*

vivance du plus apte. » La descendance ou hérédité avec la sélection naturelle qui fait périr les individus faibles pour ne conserver que les forts, suffisent pour rendre compte de la variabilité des espèces et de la totalité des formes existantes. Ces formes ne peuvent s'expliquer avec l'ancienne croyance à la création d'espèces immuables, par la nature ou par Dieu, puisqu'il n'y a pas d'espèces immuables. M. Darwin reconnaît que l'on peut faire des objections à ses idées, par exemple : « L'impossibilité apparente, dans certains cas, qu'un organe très-simple puisse arriver par degrés insensibles à un organe très-parfait ; les faits merveilleux de l'instinct ; la question entière de l'hybridité, et enfin l'absence, soit dans la période actuelle, soit dans les formations géologiques, d'une foule de chaînons reliant entre elles toutes les espèces alliées (1). » Mais ces objections ne lui paraissent pas suffisantes ; d'ailleurs, pour comprendre l'action extrêmement lente, progressive, de la

(1) *De la variat. des anim. et des plant.*, trad. par M. Moulinié, t. I, 1868. Chez Reinwald, Paris.

sélection naturelle, il faut compter le temps, non par siècles, mais par série de siècles, et jusqu'à l'infini.

Dans le premier de ses ouvrages, M. Darwin avait été réservé à l'égard des conclusions (1). Dans le second, il dit que « tous les membres d'une même classe au moins (la classe des vertébrés, par exemple, comprend les poissons, les reptiles, les oiseaux, les mammifères) sont la descendance d'un seul ancêtre. »

Et en outre, « comme les membres des classes distinctes ont encore quelque chose de commun dans leur structure et beaucoup dans leur constitution, l'analogie nous conduit à faire un pas de plus, et à regarder comme probable la descendance de tous les êtres vivants d'un prototype unique. » Cette conséquence avait été tirée déjà et affirmée par des adhérents. M. Darwin l'émet aujourd'hui « comme probable. » On voit combien la question de savoir si tous les hommes proviennent d'une même souche dispa-

(1) *De l'origine des espèces*, trad. franç., 2ᵉ édit., 1868, Paris.

raît devant une telle conclusion. Pour nous, nous disons que cette conclusion excède ce qui ressort légitimement des recherches de M. Darwin ou de tout autre naturaliste.

Il y a, en effet, dans le darwinisme, deux sortes de faits généraux. Ce qui concerne la sélection appliquée par l'homme aux animaux domestiques, puis la sélection naturelle, puis les effets de la concurrence vitale, qui tend à faire périr les espèces ou les individus faibles, pour conserver les organismes mieux doués, lesquels, à leur tour, deviennent souche d'une variété de choix ; chacune de ces lois a été exposée, même en partie démontrée avec une grande force. Cela est en résumé le vrai et grand travail de M. Darwin. Quant aux autres lois, que l'on peut regarder comme les *conséquences lointaines* de la doctrine, non seulement elles ne sont pas démontrées, mais il est à croire qu'elles ne le seront jamais, même pour l'ensemble des êtres vivants, et en en retranchant l'homme.

Parmi les objections que l'on a élevées, il faut

mettre au premier rang celle-ci : on devrait
trouver entre les espèces limitées qui existent
aujourd'hui des exemplaires intermédiaires servant de transition, et à cause du très-grand
nombre d'espèces actuelles, la quantité et la
variété des exemplaires doivent être telles, qu'ils
ne peuvent échapper aux recherches, soit parmi
les espèces vivantes, soit dans les couches géologiques. Voici une autre objection : si les lois
précédentes avaient la portée qu'on leur attribue, le progrès dans l'organisation n'aurait pas
de bornes, et non seulement les espèces se transformeraient les unes dans les autres, mais *il se
créerait des organismes nouveaux, allant vers
une perfection indéfinie.* Pour faire comprendre
notre pensée, nous disons qu'*il naîtrait une
espèce plus parfaite que l'espèce humaine actuelle.*
M. Darwin est obligé lui-même d'accepter cette
conséquence : « La sélection naturelle, agissant
exclusivement en conservant les modifications de
structure profitables... en somme, l'organisation
progresse. Néanmoins, une forme très-simple,
appropriée à des conditions vitales également

très-simples, pourra rester pendant des siècles sans être modifiée ni améliorée ; car quel avantage aurait un infusoire ou un ver intestinal à revêtir une organisation complexe (1)? » On ignore en vérité ce que ferait et même voudrait un infusoire. Mais on connaît assez l'homme pour être certain qu'il se serait perfectionné s'il l'avait pu.

Si l'on veut comprendre la faiblesse de la démonstration, surtout en ce qui concerne l'homme, il faut étudier dans le dernier ouvrage de M. Darwin la question du chien. On y voit que le chien, domestiqué par l'homme dès les premiers temps, offrait déjà, trois mille quatre cents ans avant Jésus-Christ, des races voisines des nôtres ou semblables aux nôtres. Des monuments égyptiens, depuis la quatrième jusqu'à la douzième dynastie, représentent des chiens que l'on peut rapporter aux lévriers, aux dogues, aux bichons, aux bassets.

Soit donc que l'on pense, avec divers natu-

---

(1) *De la variat. des anim. et des plantes*, t. I, Introd., sélect. naturelle.

ralistes, que toutes les variétés actuelles proviennent du chacal ou du loup ; soit qu'on ad-
mette qu'elles dérivent d'une race primitive
éteinte, ou de deux ou trois types conservés, il
faut croire que dans l'espace de six mille ans à
peu près les transformations auraient été peu
sensibles, au moins pour les races qui se trouvent dessinées sur les monuments d'Égypte. Or,
le même raisonnement s'établit pour l'homme,
d'autant plus qu'on constate la même ressemblance entre les types humains représentés sur
les mêmes monuments et les types d'aujourd'hui.
Si, à cette durée de la période historique, on
ajoute une durée égale pour l'âge anté-histori-
que, on a un total de 12,000 ans, après lesquels
l'homme est resté identique à lui-même, ses variations n'ayant pas été plus grandes, ou même
ayant été moins grandes que celles subies par le
chien. Donc, puisque l'on s'accorde à rapporter
toutes les variétés de chiens actuels à un seul
type ou à peu de types (M. Darwin est lui-même
à peu près de ce dernier avis), pourquoi se re-
fuser à croire que toute l'espèce humaine est

descendue d'une même souche ? A la vérité, dans la théorie du darwinisme, on exige, pour amener les modifications des espèces, des temps infinis ou indéfinis ; peut-être, pour elle, cent vingt siècles, que nous supposons pour le moment, sont-ils peu de chose, et est-il besoin d'un nombre de siècles sans limites. Mais alors, comment fonder une théorie sur de pareilles bases, qui sont et resteront complètement invérifiables? Nous n'hésitons donc pas à dire que les conclusions lointaines du darwinisme sont à rejeter, spécialement en ce qui concerne l'homme. Elles le seraient pour lui, même au seul point de vue de l'histoire naturelle. Mais, de plus, s'il est un être vivant, et, à ce titre, relève de la biologie, il reste à savoir s'il doit être contenu, enfermé tout entier dans cette dernière science.

III

Insuffisance de la philosophie Comte-Littré, pour rendre compte de tous les phénomènes intellectuels par le cerveau.

Voici donc ce qui est à décider. Dans l'homme, la vie est-elle la cause unique de ce qui s'y passe, ou bien est-elle limitée par une autre cause, principe distinct de la pensée et de la raison? Cette question, la plus grande de toutes, agitée dans tous les temps, et, plus que jamais aujourd'hui, tranchée parfois avec dédain ou passion, souvent avec parti pris, en vue d'une philosophie préférée, soit dans un sens, soit dans l'autre, cette question est sur notre chemin, et se trouve en quelque sorte au bout du tableau de la vie, à propos des idées biologiques de l'*école positive*. Nous voulons, non la discuter, ce serait énorme, mais en montrer les points saillants avec scrupule et fermeté.

Les partisans de l'école positive affirment que la vie et l'organisation font l'homme entier, aussi bien son moral que son physique ; que, à l'inverse de la théorie de Stahl, qui était le contre-pied de celle de Descartes, c'est la vie qui pénètre dans l'âme pour en exécuter tous les actes ; que la pensée et la raison sont des produits de l'activité cérébrale ; que non seulement il n'y a pas d'âme à la manière scolastique, mais qu'il n'y en a pas même pour la raison humaine, laquelle n'en a pas besoin. Ils discutent peu l'existence de l'âme, disent que c'est une conception qui a fait son temps, un souvenir, un débris historique, et la remplacent par l'élaboration organique du cerveau.

On peut d'abord faire une remarque. C'est à grand'peine que la science est parvenue à retirer l'étude de la vie des mains des philosophes métaphysiciens, qui l'avaient saisie d'abord et con-

servée jusqu'à la fin du XVIIIe siècle, et il se
trouve que c'est un philosophe moderne, Auguste
Comte, qui a repris la question de la vie, en
l'agrandissant à la vérité, et a formulé sur elle
une théorie métaphysique. Qu'Auguste Comte
fût un philosophe, on ne peut le contester,
puisque son école s'appelle elle-même *Philosophie positive*. Que sa théorie soit métaphysique,
ses adhérents le nieront davantage. Mais, pour
nous, nous pensons que toute conception grande
ou forte exige de la part de notre esprit des facultés de l'ordre métaphysique, et que pour établir une idée théorique importante, il faut, de
toute nécessité, le voulant ou ne le voulant pas,
faire de la métaphysique. Pour être juste, toutefois, on doit reconnaître que Comte n'a fait que
jeter les bases de la doctrine, dont l'organisateur
vrai est M. Littré. Le premier, étranger, il faut
le dire, aux sciences naturelles, malgré ses rapports avec le professeur de Blainville, ne savait
en biologie cérébrale que les conclusions de Gall,
qu'il adopta et adapta sans critique. Quel que
soit le sort ultérieur et définitif de la *Philoso-*

phie positive, on peut croire qu'elle serait restée stérile dans son germe sans les lumières surprenantes qu'a répandues sur elle M. Littré,
qui, à des talents littéraires très-rares, joint les
connaissances scientifiques les plus étendues, et
expose le tout avec un art et une clarté que l'on
peut égaler, mais difficilement surpasser. Et ces
forces réunies, il les emploie avec une persévérance, forte comme la passion, dans la *Revue
de la Philosophie positive* et ailleurs, justifiant
ainsi ces mots qu'il écrivait à M. Stuart-Mill :
« Et c'est cette étude de ma jeunesse (la médecine et la biologie) qui m'a laissé les plus profondes traces dans l'esprit, et qui m'est encore
aujourd'hui un objet de lecture et de méditation. »

Il faut réduire à deux principales les preuves
sur lesquelles se fonde la théorie positiviste sur
l'homme, et nous ne pouvons mieux faire que
d'en emprunter le résumé à M. Littré; il dit :
« La philosophie positive a démontré que les
manifestations intellectuelles sont à la substance
nerveuse ce que la pesanteur est à toute ma-

tière, c'est-à-dire un phénomène irréductible, qui, dans l'état actuel de la science, est à soi-même sa propre explication. » Il ajoute ensuite : « La science postérieure (à Descartes) a reconnu que puisqu'il n'existe aucune différence anato-mique absolue entre le cerveau de l'homme et le cerveau des bêtes, et non plus aucune diffé-rence fonctionnelle absolue par rapport aux fa-cultés, les phénomènes sont de même ordre, et qu'une psychologie qui nie ce fait, une philoso-phie qui se fonde sur cette psychologie, est avortée. »

Lorsque l'auteur écrivait ces lignes, quoiqu'il eût, avec la plupart des physiologistes de notre temps, abandonné le système de Gall, il croyait, comme lui, que pour connaître chacune de nos facultés mentales, on doit l'étudier « anatomi-quement et fonctionnellement, » et même, il citait comme un essai heureux de cette applica-tion ce qu'avait fait récemment M. le docteur Broca pour la faculté du langage (1). Depuis

(1) M. le docteur Broca a fourni des preuves pour faire ad-mettre que la faculté du langage réside dans la deuxième

lors, il a renoncé aux localisations mentales dans
le cerveau, et il adopte une théorie cérébrale qui
est appuyée sur les travaux et les idées de deux
physiologistes distingués, MM. les docteurs Luys
et Vulpian. Dans cette nouvelle manière de voir,
le cerveau ou plutôt les lobes cérébraux ne sont
pas divisés en compartiments, dont chacun serait affecté à un groupe de facultés. L'idée elle-
même d'un partage géographique, qui était le
fond de la théorie de Gall, ne peut être conser-
vée. Toutes nos pensées se rapportent ou bien à
des facultés intellectuelles, telles que : jugement, attention, association des idées, etc., ou
bien à des sentiments qui composent toutes les
nuances morales, depuis le plaisir et la douleur
jusqu'au beau, au juste, au bien. Or, les idées
de l'un ou l'autre de ces groupes ne naissent
qu'après des impressions sensorielles. Ces impressions viennent de deux sources : 1º des sens

---

circonvolution antérieure de l'hémisphère gauche du cerveau.
— Il n'est pas certain, d'abord, que l'on doive adopter *une
faculté du langage*. Ensuite, même anatomiquement et cli-
niquement, le fait n'est pas assez prouvé.

externes ; 2º des viscères. Les premières deviennent l'origine des idées de l'esprit ; les se-
condes, des idées morales. Les unes et les autres
arrivent à la *couche optique,* immergent dans les
amas de substance grise des couches optiques ;
puis de là, à travers les fibres cérébrales qui
rayonnent vers la périphérie, elles gagnent la
substance grise corticale des circonvolutions. Une
fois les impressions parvenues là, par le moyen
d'un ébranlement vibratoire, elles sont reçues
dans les cellules de la substance grise corticale,
« cellules unipolaires ou bipolaires, » qui com-
muniquent entre elles et forment un immense
réseau à la surface du cerveau. C'est dans ce
réseau ou cette couche de cellules que se fait
l'élaboration qui convertit les impressions y
parvenues, en idées, jugement, volonté et en
tous les éléments de notre esprit et de notre
raison. « L'élaboration est triple : morale,
esthétique, intellectuelle. » Il y a plus, dans ce
travail, le cerveau ne crée rien. « Sa fonction
est de faire, avec ce qui lui est transmis, des
sentiments et des idées ; mais il n'est pour rien

dans ce qui constitue le *substratum* de ces idées
et de ces sentiments. A vrai dire, tout lui vient
du dehors (par les impressions des sens et des
viscères) (1)... » Voici la même pensée : « Constitution de la substance corticale des hémisphères
cérébraux par un nombre immense de cellules
nerveuses, dont la propriété irréductible, aussi
irréductible que l'est la gravitation pour les
molécules matérielles, est de transformer les
sensations en perception ; communication uni-
verselle de toutes les cellules entre elles, apport
incessant de toutes les impressions (2)... »

Voilà la théorie nouvelle, celle d'aujour-
d'hui (3). Elle est un peu fille de celle de Gall,
qui, elle-même, descendait de celle de Cabanis,
et diffère des deux par le mécanisme, par le
mode de l'élaboration. Cabanis comparait le travail de la pensée à une sorte de sécrétion;
MM. Luys et Littré disent que c'est « un travail

(1) Littré, *De la méthode en psychologie, Revue de philosophie positive,* n° 3, novembre-décembre 1867, p. 362.
(2) *Id.,* p. 342.
(3) Dʳ Luys, *Rech. sur le syst. nerv. —* Dʳ Vulpian, *Leçons
sur la physiol. génér. et comp. du syst. nerv.*

de la cellule nerveuse, aussi irréductible que
l'est la gravitation pour les molécules matérielles. » Malgré nous, nous nous souvenons que
Descartes faisait à peu près la même chose
« avec les corpuscules des esprits animaux,
passant à travers les cribles de la substance cérébrale et produisant ainsi les passions. » Après
le dernier effort de la science moderne, inven-
tera-t-on autre chose, « un autre mode d'élaboration, » ou une autre théorie cérébrale ?
Peut-être. Mais qu'y a-t-il au fond de ces idées ?
En vérité, on ne saurait le dire. Et pour marcher vers notre but, nous aimons mieux simplement demander ce que cela prouve. Est-ce
que dans ce qui précède on trouve une preuve
pour la conclusion adoptée, savoir : « La cellule transforme l'impression sensorielle en jugement, en volonté, en sentiment du beau, du
juste, du bien. » Comment peut-on croire qu'on
l'a prouvé pour l'avoir dit ? Il semble que pour
sauter d'une cellule à une idée il y a un hiatus
qu'on a envie de combler en recourant malgré
tout à la métaphysique. Comment comprendre

d'emblée, car enfin l'esprit veut toujours comprendre un peu ce qu'il croit, qu'une cellule, même celle-là, fait notre pensée, notre
raison? Est-ce qu'un partisan de la philosophie
positive, lorsqu'il dit, écrit cela, n'est pas sur-
pris au dedans de lui-même? Ce qui est sûr,
au moins, c'est que ce travail celluleux est aussi
mystérieux, aussi incompréhensible que tout ce
qu'il y a d'incompréhensible dans la théorie spiritualiste de l'âme humaine, et à nos yeux, ce
n'est pas parce que l'on a démontré cette théorie que l'esprit est inutile ; c'est tout le contraire,
c'est parce que l'on a décidé préalablement que
l'esprit n'existe point, que l'on admet le travail
sus-énoncé. Nous ne voulons faire qu'une objection particulière. Quel est l'anatomiste qui a
montré une différence quelconque entre la cellule grise corticale du cerveau de l'homme
et celle d'un mouton? Or, ce mouton a des
sens externes et internes aussi développés
que les nôtres, qui envoient à ses couches
optiques des impressions pareilles aux nôtres ;
pourquoi donc ses cellules cérébrales n'en-

fantent-elles pas la liberté, la conscience, la raison (1)?

Voici un autre motif sur lequel s'appuie la
philosophie positive pour rejeter l'âme humaine :
« Descartes, dans sa philosophie toute psycho-
logique, se fondait exclusivement sur le témoignage de l'âme humaine ; mais ce témoignage
se trouvait inquiété par toutes ces apparences
d'âmes que présentent les animaux, avec leur

---

(1) Depuis quelques années, l'on s'est servi de ce que l'on
nomme en physiologie nerveuse l'*action réflexe,* pour rendre compte des phénomènes intellectuels, et par conséquent
des actes de l'esprit. Cette sorte d'explication a été avancée,
employée par plusieurs ; mais nul ne l'a formulée plus expli-
citement que M. le Dr Onimus (dans la *Revue de philosophie positive,* nº de mai-juin 1868).

On sait que l'*action réflexe,* déjà entrevue par Prochaska,
a surtout été étudiée par Marshall Hall. Lorsque l'on a coupé
la moelle épinière d'une grenouille vivante, séparant ainsi le
tronc de la tête, on détermine des mouvements réguliers et
presque coordonnés dans les quatre membres, en pinçant
l'un d'eux ou en excitant le segment caudal de la moelle. Ces
mouvements, quoiqu'exécutés par des muscles qui reçoivent
leurs nerfs de la moelle, peuvent avoir lieu sans l'intervention du cerveau. Et dans l'homme, à l'état sain, il y a beaucoup de mouvements de même nature, exécutés sans volonté,
et à la suite ou *en retour d'une excitation* ou *d'une sensation,* tels que l'éternument, le vomissement, etc. Jusqu'ici
les explications sont vraies. Peut-être même y a-t-il des *sen-*

sensibilité, leur moralité, leur intelligence,
moindres sans doute que chez l'homme, mais .
de même apparence. Il se débarrassa de l'obstacle en le niant, soutint que les animaux étaient
des machines, fut conséquent, révolta le sens
commun, et ne douta pas que la vérité suprême, qu'il croyait tenir, n'emportât tôt ou·
tard l'exception gênante et inexpliquée qui se
rencontrait dans la nature des bêtes. Il en est

---

sations en retour, produites par un mécanisme pareil,
comme par exemple l'est la douleur de tête à la suite d'une
sensation pénible née dans l'estomac. Mais il y a une grande
distance entre ces faits et l'extension que l'on veut donner à
l'action ou au *pouvoir réflexe du cerveau.* Sous le prétexte
que toute action nerveuse est accomplie au moyen d'un *mouvement vibratoire,* que ce mouvement se communique d'une
cellule à une autre cellule, à travers les tubes nerveux qui
les unissent, on suppose qu'il se produit ici des actions ré-
flexes multiples, en dehors de la volonté, et qui, s'ajoutant au
travail d'élaboration propre aux cellules grises corticales,
coopère aux actes de l'esprit. En réalité, c'est là une simple
hypothèse que ne soutient même aucun commencement de
démonstration. Et puis la grande difficulté revient toujours.
Comment comprendre qu'un mouvement vibratoire, une action
réflexe quelconque, transforment une sensation ou une impression en un fait de conscience, en un jugement, en un acte de
volonté? C'est bien encore ici que devraient donner des preuves
suffisantes ceux qui se refusent à admettre l'existence de l'esprit, parce que, suivant eux, on ne peut en démontrer la réalité.

arrivé tout autrement, et c'est *l'exception qui a emporté le principe...* » Cela veut dire que l'âme des bêtes a tué l'âme humaine. Voilà un argument avec lequel il faut compter, et moins insaisissable que le travail organique qui s'accomplit dans les cellules de la substance grise du cerveau. On peut, par conséquent, l'examiner. Nous ne méconnaissons pas sa force. Il a plus de valeur que tous ceux que l'on a tirés des proportions établies plus ou moins entre le poids, le volume et le développement du cerveau d'une part, et l'intelligence d'autre part, soit dans la série animale, soit dans l'homme. Voici pourquoi : en oubliant pour un moment que le règne animal existe, et ne tenant compte que de l'espèce humaine, si l'on venait à démontrer que le degré de l'intelligence est en raison directe des lobes cérébraux, il resterait toujours une haute raison en faveur du ·spiritualisme. C'est que l'âme ayant besoin, dans son union avec le corps, d'un instrument, et cet instrument étant le cerveau, celui-ci devra être intact, développé ou perfectionné en même mesure que l'âme qui l'a à son service. Dans la réalité, cette vue est juste et répond à une des attaques que l'on dirige contre le spiriritualisme. Mais qu'objecter ou répondre devant l'intelligence des animaux? Que ce soit cette cause ou une autre qui ait porté Descartes à retirer la vie aux bêtes, il y a là un embarras réel et grand pour toutes les philosophies, hormis celle qui s'appelle *positive*. Cet embarras, il faut l'aborder. Et comme, après tout, l'humanité entière a passé à côté de lui, étant témoin de ce qu'il y a d'esprit dans les bêtes, sans cesser de croire dans tous les temps, et presque partout, au spiritualisme, il y a sans doute des motifs qui en diminuent la portée.

Des penseurs ont admis que les animaux possèdent une âme, d'un degré inférieur à la nôtre, moins élevée, mais d'une nature analogue. Nous ne faisons allusion ni à la métempsycose, ni à l'imagination de beaucoup d'humoristes anciens ou modernes, tels que Montaigne. Cette idée est nettement exprimée et acceptée par M. Franck et par Ad. Garnier. Ce dernier dit :

« Expliquer les actes des animaux par un principe purement matériel, c'est faciliter la voie à
ceux qui rendent compte des actes de l'homme
par un simple jeu de la matière (1). » Que de
contradictions à propos de la vie ! Des descen-
dants égarés de Descartes disent que la vie est
produite par l'âme raisonnable ; d'autres, que
les animaux « ont en propre un principe immatériel de vie et de sensibilité (2). » Avec si
peu de fermeté dans les croyances du spiritualisme, comment s'étonner si l'on attaque ce
dogme ? D'abord, il faut abandonner l'âme des
bêtes et tout animisme vital ; car sur ces deux
points la science moderne a raison. Ensuite,
pour sauver le spiritualisme, il faut le concilier
avec la vraie biologie. Puisque la vie et l'âme
sont réunies dans l'homme, c'est en lui, et à
l'occasion de la nature humaine, qu'il faut réaliser cette conciliation. Nous allons l'essayer, en
avertissant combien nous serons au-dessous de

(1) *Traité des facultés de l'âme*, 2ᵉ édit , 1865, t. I.
(2) *Dict. des sc. philos.*, 1843, art. *Ame*, par M. Franck.

cette tâche. Pour y parvenir, il est nécessaire
avant tout de voir quelles sont chez les animaux les facultés qui sont voisines de notre intelligence.

IV

Certains mammifères accomplissent des actes qui nécessitent de la comparaison, du raisonnement, même une sorte de réflexion. En voici un exemple : un chimpanzé vivant au Jardin-des-Plantes, et retenu dans une chambre fermée, parvenait à en sortir en montant sur une chaise placée près de la porte, pour atteindre la serrure, qu'il ouvrait. Dans le but d'empêcher cette évasion, le gardien emporta la chaise. Le chimpanzé alla en prendre une autre, qu'il mit à la place de la première, et recommença sa manœuvre. Tout le monde connaît des histoires

de chiens qui supposent l'emploi du raisonnement, et on en attribue de pareilles à l'éléphant,
au cheval. Ces mêmes animaux ont aussi de la
mémoire, éprouvent de l'attachement, de la reconnaissance pour les services rendus. Après les
singes, les animaux les plus intelligents sont les
carnassiers ; les ruminants le sont très-peu. Un
bison élevé au Jardin-des-Plantes se jeta sur un
gardien, qu'il ne reconnut pas parce qu'il avait
changé d'habit. Deux béliers, compagnons et
vivant ensemble au même Jardin, se ruèrent
l'un sur l'autre avec fureur, comme s'ils ne s'é-
taient jamais vus, et cela parce qu'on les avait
fait tondre. Les rongeurs sont peu intelligents :
l'écureuil, la marmotte, le castor, le lièvre, etc.
Il y a donc un certain degré d'intelligence chez
quelques animaux, et cela doit être admis par
tout le monde, même après qu'on a écarté le
merveilleux qui a été ajouté à ce qui est vrai.
Bien que cette espèce d'intelligence ait été confondue ou mêlée avec l'instinct, nous avons tenu
à l'en séparer, et nous n'hésitons pas à croire
que le singe, le chien, le cheval font des rai-

sonnements, dans des actes qui ne ressortent pas de l'instinct. En dehors de ce point accordé, presque tout le reste des animaux ne montre que de l'instinct, c'est-à-dire que leurs actes ne sont plus facultatifs, mais obligatoires.

Le caractère de l'instinct est, en effet, de faire agir les animaux forcément, sans réflexion, d'une manière constamment uniforme, qui aussi est toujours parfaite. Plus les animaux sont intelligents, moins leur instinct est développé, en général ; les oiseaux cependant font exception, car, quoique paraissant plus intelligents que les reptiles et les poissons, ils ont plus d'instinct qu'eux. On a fait mille descriptions de leur habileté pour construire leurs nids, de leurs migrations, presque à jour fixe, et l'on connaît cette incroyable sûreté de marche avec laquelle des pigeons voyageurs, transportés dans des paniers fermés à plusieurs centaines de lieues, retournent à leur point de départ. Il suffit de rappeler à chacun ses souvenirs ou ses lectures pour qu'il se représente le tableau des richesses de la nature dans toutes ces choses. Sans nous

y arrêter, nous devons, dans l'intérêt de notre
plan et de nos conclusions, faire remarquer
combien les instincts sont développés chez les
mollusques et les insectes (1). Parmi ces derniers, ceux qui vivent en commun, les abeilles
et les fourmis, forment une sorte d'État régi
par des lois; et si les descriptions qui les concernent n'avaient pas été données par des ob-
servateurs habiles et consciencieux, on les re-
garderait comme un tissu de fables. Cette
distribution du travail dans la ruche ou dans
la fourmilière, qui incombe à des ouvrières
neutres ou stériles; ces mâles qui, vivant sans

(1) Les *nécrophores,* qui se nourrissent de végétaux, ont
des larves qui vivent de débris d'animaux. Lorsqu'ils déposent leurs œufs (qu'ils ne verront pas éclore, parce qu'ils
meurent avant), ils placent à côté des amas de nourriture
animale, dont les larves se nourrissent. — Les *pompiles* font
de même et déposent leurs œufs dans un nid préparé où ils
ont placé le corps d'une araignée ou d'une chenille qu'ils ont
tuée de leur aiguillon. — Le *xylocope,* ou abeille perce-bois,
fait des choses plus surprenantes. Il creuse des conduits dans
le bois sur une longueur de trente ou quarante centimètres,
divise l'intérieur de ces conduits en cellules séparées par des
cloisons, et dépose dans chaque cellule, avec un œuf, un petit
tas de pollen qui servira à la nourriture de la larve quand
elle naîtra. (Milne Edwards, *Élém. de zoologie.*)

travailler, fécondent les femelles parmi les fourmis et la reine dans la ruche; cette reine, qui
est une vraie reine, et qui en a presque les
passions, puisque, si une autre éclot dans la
ruche, elle lui livre un combat, après lequel la
vaincue, avec un groupe d'ouvrières, va fonder
une colonie ailleurs; et, outre ces mœurs et
cette police, un art d'architecture qui élève des
constructions géométriques, tout cela est si pro-
digieux, que ceux qui mesurent leur admiration
à la Providence ou ne veulent pas la lui accorder demeurent au moins éblouis devant un pareil spectacle.

Il nous suffit d'avoir montré que quelques
animaux font des comparaisons suivies de jugement, ont de la mémoire et sont susceptibles
d'attachement; que tous ont de l'instinct, mot
qui veut dire impulsion du dedans. On voit que
nous indiquons, sans la vouloir diminuer, la
difficulté sur laquelle s'appuie la philosophie
positive. En considérant la multitude des instincts, on dirait que la force créatrice les a
distribués avec profusion, comme elle a pétri la

matière organisée en des formes infinies. La
faible intelligence dont sont doués certains animaux leur sert à peine, si ce n'est à s'assouplir
à notre servitude. L'instinct est toujours employé pour la conservation des individus ou
pour celle de l'espèce. C'est pour se nourrir ou
se défendre eux-mêmes, pour protéger ou abri-
ter leurs œufs ou leurs petits, que tous les animaux déploient cette variété inépuisable de ressources, de stratagèmes et d'industries. Si
même on compare ensemble ceux que l'on regarde comme intelligents et les autres, en quoi
les premiers sont-ils supérieurs? En quoi les
rongeurs pourvoient-ils moins à leurs besoins
que les carnassiers? Il est à peu près de règle
que l'instinct soit en raison inverse de l'intelligence, même chez l'homme; nous aurons à le
rappeler tout à l'heure.

Mais nous ne pouvons nous arrêter à une
infinité de points de vue qui se soulèvent à
chaque pas dans un sujet aussi riche. Il nous
faut atteindre notre but, qui est la solution positiviste appliquée à la biologie. La philosophie

positive explique l'intelligence et l'instinct des animaux par l'action de leur système nerveux, et spécialement par l'action cérébrale. En ce qui concerne le chien, l'éléphant, le singe, les mammifères, et peut-être tous les vertébrés, cette explication est vraie, et nous l'adoptons. Mais il se présente une difficulté pour étendre la même explication aux mollusques et aux insectes. Ces animaux n'ont pas de cerveau ; un simple *ganglion céphalique* en tient lieu, et en outre leur système nerveux est rudimentaire et beaucoup moins développé que celui des poissons et des reptiles. Comment donc comprendre que des insectes, les fourmis, les abeilles, aient plus de sagacité et d'habileté que le bœuf, le porc ou le mouton ? Il faut alors que l'instinct ne soit pas toujours développé en proportion des masses nerveuses. Et même, très-certainement, il est impossible d'en déterminer la cause anatomique chez les mollusques et d'autres animaux inférieurs. Sur le fond même de la question, il est d'autres points qui sont mal éclairés. On ne sait pas bien fixer la limite entre l'ins-

tinct et ce que l'on appelle l'intelligence des
animaux. Tous les actes instinctifs exigent de
la sagacité. Lorsqu'un carnassier découvre une
proie, de laquelle il s'approche d'abord avec
précaution, pour s'élancer ensuite d'un bond,
calculant juste ce qu'il lui faut de mouvement
pour la saisir, cela est-il une œuvre d'instinct,
ou bien le ravisseur emploie-t-il de l'intelligence? Et pour augmenter l'embarras, notez
que l'araignée qui guette sa proie et la saisit
dans sa toile fait exactement comme un grand
mammifère. Est-ce que cet acte d'épier et de
saisir une proie s'exécute identiquement et fa-
talement comme la construction d'un nid? On
serait embarrassé pour le dire. Ce que l'on
peut affirmer, c'est que toutes les preuves d'intelligence données par les animaux, quels qu'ils
soient, sont d'une intelligence si bornée qu'il
vaudrait mieux avoir un autre mot pour la désigner. Leur mémoire ne porte que sur des
choses sensibles, contingentes; leurs jugements
sont presque de simples sensations, et leur raisonnement n'est que la comparaison de deux

sensations. Lorsqu'ils arrivent à faire quelque chose de plus, c'est par imitation, comme le chimpanzé qui, en ouvrant la porte de sa chambre, ne faisait qu'imiter son gardien. Leur intelligence, s'ils en ont, est donc tellement voisine de l'instinct et tellement mêlée à lui, qu'on ne saurait la rapprocher de l'intelligence humaine. Dans l'animal, l'instinct et l'intelligence ne s'opposent pas, ne se combattent pas, précisément parce qu'ils sont mêlés ou presque confondus. C'est le contraire qui a lieu dans l'homme, ainsi qu'on va le voir.

V

Quel est le caractère des actions de l'homme ?

Pour comprendre l'homme, il faut se souvenir qu'il possède ce qui constitue l'animal et quelque chose de plus. La vie organique ou animale est couronnée en lui par l'intelligence, l'entendement, la raison, et de cette réunion de parties s'est formée un ensemble complexe, dans lequel il est difficile de faire pénétrer l'analyse. Nous allons l'essayer cependant, et pour y parvenir nous avons à rechercher d'abord quels sont les mobiles ou motifs d'action de l'animal; nous avons ensuite à les comparer avec les mobiles ou motifs d'action de l'homme.

La plante, quoique vivante, n'a pas d'action
proprement dite. Attachée au sol, elle y prend
sa nourriture passivement, de manière à assurer
la conservation individuelle ; la conservation de
l'espèce est assurée parce que les organes, mâle
et femelle, sont placés le plus souvent sur la
même fleur ou la même tige, et quand ils ne le
sont pas, le vent se charge de transporter le
pollen. L'animal est soumis à d'autres conditions. Pour vivre, il est contraint de chercher
sa nourriture ; pour se propager, il est tenu à
réaliser le rapprochement de deux individus,
parce que les sexes, pour lui, sont séparés. Afin
de satisfaire à cette double nécessité, les animaux sont doués de sensibilité et par suite de
mouvement, lequel est une conséquence de la
sensibilité. Puisque l'animal a des actions à ac-
complir, il a des incitants qui le poussent à
agir, d'autres qui le font agir bien, c'est-à-dire
sûrement. Les premiers sont les *appétits* ou besoins, les seconds sont les *instincts*. Fréquem-
ment on les confond, mais il suffit d'en citer des
exemples pour faire comprendre par où ils dif-

fèrent. La faim, la soif sont des appétits, et aussi le besoin de rapprochement sexuel. Chez les oiseaux, l'art de faire les nids, les migrations sont des instincts. L'appétit est un incitant absolument impérieux, qui ne souffre aucune composition et pousse l'animal vers une exécution implacable. Son rôle est fini après qu'il a poussé à agir ; la satisfaction a lieu ensuite, avec le secours de la sensibilité et du mouvement.

L'instinct est moins impérieux et a une sphère plus étendue, car il embrasse tous les moyens d'exécution, qui sont variés, nombreux, conduits avec adresse et sûreté. Mais cette adresse ou habileté, la prévision elle-même, qui semble guider chacun des actes de l'instinct, appartiennent à la nature créatrice plutôt qu'à l'animal, et celui-ci agit sans choix, non par sa volonté, en vertu d'une impulsion fatale qui, pour cela même, atteint le but avec une · uniforme perfection.

L'appétit et l'instinct sont des dons de l'organisation, des choses organiques ; ils ont par conséquent leur cause dans les organes, et l'on

peut rechercher quel est leur siége. La faim et
la soif ont leur point de départ dans les organes
digestifs ; l'appétit sexuel dans les organes gé-
nérateurs. Les instincts siégent aussi dans les
organes, mais il est difficile de les localiser tous
et exactement ; nous avons indiqué ci-dessus
l'embarras qui existe à leur égard. Chez l'homme,
depuis Gall, on les fait provenir de l'encéphale
et non des viscères, comme on le faisait autrefois. Il y a une réserve à faire sur ce point. Dans
l'instinct, on doit distinguer deux choses : son
point de départ ou sa cause anatomique et
l'exécution de ses actes. Or, le point de départ
est dans les organes, les viscères ; l'encéphale
agit ensuite et détermine l'accomplissement. Il
y a coopération et concours de deux choses, et
ni l'organe, ni l'encéphale, pris isolément, ne
fait tout. La doctrine de Gall est donc exagérée
sous ce rapport. Voulant la soutenir, on a cité
des eunuques portés aux désirs vénériens. Mais
ce sont des faits de dépravation mentale et morale. Les animaux mutilés, on le sait, perdent le
désir avec l'aptitude.

Voilà ce qu'est l'instinct : un produit de l'organisation, ayant pour effet d'assurer la vie de l'individu et celle de l'espèce, ayant son point de départ dans un organe, son centre d'élaboration dans l'encéphale, et employant pour se réaliser le mouvement et la sensibilité. Comment cette cause d'action va-t-elle se comporter dans l'homme, à côté de l'esprit et de la raison ? Ici se voit un spectacle digne d'intérêt.

L'homme, à son origine, est un être qui n'a rien de l'homme encore. Avant sa naissance, il puise sa nourriture dans l'utérus, comme le fait la plante avec ses racines dans le sol. Quand il est venu au monde, c'est un animal moins protégé que les autres et qui n'a que des appétits. Il n'en a même qu'un, celui de la faim, celui de se nourrir ; mais à cet appétit il obéit merveilleusement. Sans avoir rien appris, presque sans être dirigé, il se jette sur le sein de sa mère, comme le canard couvé par une poule qui, abandonnant les poussins éclos avec lui, se met à nager dans la première eau qu'il rencontre ; et il sait avaler sa nourriture aussi bien que le

9.

caneton sait nager, par le même don fatal, inévitable. Pendant un certain temps, l'enfant ne
sait pas autre chose. Il crie pour demander le
sein, et quand il l'a pris, il digère. Il n'y a en
lui encore que de l'appétit et de l'instinct. Ses
yeux ne voient pas ; les mouvements de ses
mains et de ses pieds n'ont pas d'autre but que
de s'essayer. Son visage est terne ou souffrant ;
il ne sort du sommeil que parce qu'il a faim. On
dirait qu'il n'a pas d'âme, et sa mère cherche en
vain sur sa figure un signe aux baisers qu'elle
lui donne. Mais bientôt le visage s'éclaire. Les
yeux commencent à voir, un sourire a paru,
chose simple et caractéristique, car aucun animal ne sourit. Alors le tableau change chaque
jour. Une sorte de voile s'écarte ; les yeux prennent des regards admirables ; l'intelligence est
descendue sur ces traits, qui déjà sont gracieux
ou courroucés ; les mouvements ont gagné ; l'enfant a rendu un baiser à sa mère : puis il marche,
il anime tout de ses jeux, et tout à l'heure il va
parler, car il apprend une langue, facilement
même, tandis que les animaux jamais ne parlent.

Maintenant l'esprit est venu, en attendant que vienne la raison, pour achever l'homme. Et l'instinct, effacé, placé au second plan parce que l'âme s'avance, ne se reconnaît déjà plus aisément d'avec la colère et les jeunes passions qui s'annoncent. Plus tard encore, les instincts seront toujours là sans doute ; il en naîtra même d'impétueux avec la puberté ; mais toujours l'âme sera présente pour en modifier l'action, soit en les combattant, soit trop souvent en leur prêtant des ressources pour s'assouvir.

Que s'est-il donc passé depuis le commencement jusqu'à l'avènement des facultés intellectuelles ? La vie s'est déployée et s'est accrue par des additions successives ; l'appétit a été le seul mobile d'abord, puis l'instinct est venu, et après lui l'âme raisonnable. De l'union de ces trois choses, que résultera-t-il ? On sait ce qu'est l'instinct chez l'animal ; que devient-il dans l'homme, en rencontrant devant lui la raison, qui est aussi une cause d'action ?

L'appétit et l'instinct ne disparaissent pas dans l'homme, parce qu'il faut assurer la con-

servation de l'individu et de l'espèce. Pour cela,
l'homme continue d'être un animal ; mais, ce
que ne fait point l'animal, il peut mesurer l'empire de son organisation. Il découvre que les
appétits sont exigeants, et que, s'il y obéit, la
nature le récompense par un plaisir. Les instincts lui apparaissent comme des guides plus
infaillibles que sa volonté, et en leur cédant, il
en retire une satisfaction. Il est donc très-encou-
ragé à suivre cette pente ; mais bientôt il ne se
contente pas de céder à ses appétits et à ses
instincts ; il les aime, les caresse, les cultive et
s'y adonne tout entier. Alors, deux choses souf-
frent en lui : son corps qui, pour avoir dépassé
les limites naturelles de la jouissance, devient
malade ou dépérit ; puis son âme, sa raison, qui
lutte contre l'animal et qui parfois lasse de com-
battre, ne se sert de sa force que pour aiguiser
ou assurer le plaisir. Dans les deux cas, la passion est née, mélange d'action et de souffrance.

Les motifs qui font agir l'animal sont simples,
et on peut aisément chez lui remonter de l'action
à sa cause. Il n'en est pas de même chez l'homme,

parce qu'à côté des appétits ou besoins physiques, des instincts naturels, il a l'esprit qui délibère, juge et veut. L'association de ces trois
influences, ou mobiles, crée des produits com-
plexes auxquels on donne des noms variés : le
désir, l'inclination, le penchant, l'impulsion, le
sentiment, la tendance instinctive, l'instinct moral, la passion; il faudrait y joindre l'imagination, l'imitation et l'habitude. Il y a donc une
infinité de nuances dans l'échelle des motifs qui
nous font agir, et il n'est pas facile d'être d'accord sur leur nombre, parce que plusieurs se
touchent et se confondent. Les uns appartiennent
davantage à l'appétit et à l'instinct; les autres,
plus à la raison et à l'entendemeut. Il nous suffit de les grouper, en montrant qu'ils font une
chaîne qui va de l'organisation à la volonté libre.
Nous allons seulement en détacher les passions
pour les considérer un instant à part.

VI

De la nature des passions.

Le groupe des passions, qui sont un motif considérable d'action chez l'homme, est assez mal délimité. Dans les travaux nombreux dont elles ont été l'objet, on s'est plus occupé de les décrire et d'en marquer les effets ou les suites que de rechercher leur nature. Parmi les écrivains, philosophes ou moralistes, les uns les regardent comme le produit de nos désirs, de nos penchants moraux, de l'imagination, et pensent qu'elles proviennent en général de l'esprit. D'autres, qui ont été surtout des physiologistes, soutiennent qu'elles dépendent de l'encéphale. On ne se divise pas moins sur leur nombre, leur classification, et il semble qu'on y ait fait entrer tout motif d'action, pourvu qu'il soit énergique. Tantôt on les a confondues avec l'instinct, tantôt on a pris pour elles ce qui n'est qu'un mode de notre manière de sentir, ou ce qui est une simple aspiration de l'esprit. En quoi, par exemple, l'amour de Dieu, l'amour de la science sont-ils des passions, ou encore le plaisir et la douleur, la joie et la tristesse, ou même l'étonnement et l'admiration que Descartes avait placés au premier rang ? Jusqu'à un certain point, l'on peut dire que tout ce que nous désirons ardemment est une passion, et que tout désir violent fait naître en nous une résistance contre ce qui fait obstacle à l'objet désiré. D'où résultent deux sentiments opposés : l'amour et la haine, et d'où il suit que presque toute passion a une passion correspondante qui lui est contraire. On peut reconnaître aussi qu'il y a des passions primordiales, naturelles, d'autres qui sont artificielles et proviennent des luttes ou concurrences développées par l'état de

société. En empruntant le langage du darwinisme, on peut dire qu'elles naissent de la concurrence vitale et de la concurrence sociale. Il
en est de même pour les appétits, dont les uns
sont naturels, tels que la faim, la soif, et d'autres sont factices, créés par l'habitude.

Le point le plus difficile dans la question des
passions est de déterminer avec exactitude quelle
part y prend l'organisation et quelle part l'esprit. On a trop étendu, ce nous semble, les passions qui viennent de l'esprit seul. Sans vouloir
effacer d'un mot cette dernière classe où l'on a
placé plusieurs sentiments vrais, nous croyons
que les passions premières, celles qui sont car-
dinales, reposent sur les instincts. Ceux-ci, s'ils
étaient abandonnés à eux-mêmes, ne condui-
raient qu'à des actions naturelles, ayant pour
but à peu près unique la conservation individuelle, par la nourriture et la fuite des dangers
externes, la conservation de l'espèce, par la génération et ses suites ; mais, se trouvant placés
en face de la volonté, en face de l'esprit et de
tout ce qui lui appartient, ils se modifient, se

transforment, et de la rencontre de ces deux influences résultent, comme nous l'avons dit, les
passions, soit parce que la volonté lutte contre
l'instinct, soit parce qu'elle l'exalte. Il y a donc
pour la passion une base ou un point de départ
dans l'organisation par l'appétit et l'instinct;
elle s'achève ensuite par l'intervention de l'esprit. Chacune des deux influences est nécessaire. Sans les instincts, un nombre considérable de passions ne serait pas; sans l'intervention de l'esprit, les impulsions organiques ne
parviendraient pas au degré de passion. Par
exemple, c'est notre âme qui élève l'instinct
sexuel et l'instinct maternel au rang de l'amour.

Si cette doctrine est vraie, il en suit plusieurs
conséquences. D'abord, que les animaux ne sau-
raient avoir de passions au sens exact du mot.
La colère, qui est une de leurs agitations les
plus grandes, n'est qu'un mouvement de leur
sang et de leurs nerfs. Leurs instincts sont
puissants, sans aucun doute; mais comme ils y
cèdent toujours sans lutte et même dans la mesure naturelle, c'est-à-dire sans excès, la pas-

sion ne naît pas. Quoique l'on prête de la va-
nité au cheval de luxe ou de course, il n'est
pas certain qu'il soit plus fier de sa stalle ou
de son harnais que d'autres moins bien traités,
ni que le chien du pauvre soit moins satisfait
de son sort que celui du riche. L'homme, seul,
a imaginé de boire et de manger au-delà de son
vrai besoin, et plus il cultive son esprit, plus
aussi il met d'exagération dans la satisfaction
de ses besoins véritables, en même temps qu'il
élargit le cercle de ses besoins factices. C'est
l'esprit qui élève l'instinct sexuel au degré de
l'amour, mais c'est lui, également, qui a fait
d'une impératrice romaine une femme que la
débauche lasse sans l'assouvir.

Une autre conséquence est que les passions
de l'homme peuvent et doivent se distribuer en
trois groupes, dont chacun correspond à l'un
des instincts principaux, savoir : celui de la
conservation de soi-même, celui de la conservation de l'espèce, celui de la sociabilité. Ce
dernier instinct n'est pas moins naturel que les
deux autres. Il existe chez des animaux nom-

breux, qui vivent en troupes, et surtout dans
certaines espèces où les instincts sont combinés
de façon que les individus aient besoin de
s'associer pour mettre en commun leurs ressources, dans l'intérêt de la tribu entière, ainsi
qu'on le voit dans les abeilles et les fourmis.
Chez nous, le nouveau-né est dans un tel dé-
nûment, et le secours des parents lui est tellement indispensable, que la constitution de la
famille est obligatoire. Plus tard, les instincts
primordiaux ont besoin encore de s'entr'aider,
de se mélanger, pour garantir soit l'existence
des individus, soit surtout celle d'une race ou
d'une collection humaine : est-ce que sans les
agglomérations, la fécondité et la génération ne
s'arrêteraient pas? Si enfin les précédents motifs ne suffisaient point pour faire accepter
l'instinct social comme nécessaire, si l'on était
tenté de croire qu'il est un effet et un produit
de la civilisation plutôt qu'une naturelle impulsion, on pourrait ajouter que la faculté du
langage, qui existe chez tous les hommes, est
un don de nature, et que ce don ne trouverait

ni son emploi ni son exercice en dehors des
sociétés. L'instinct social est donc aussi vrai
que les autres, et c'est avec une admirable raison qu'Aristote a défini l'homme *un animal
politique*, c'est-à-dire fait pour la cité et la civilisation.

Puisque les appétits, et les instincts qui les
servent, ont entre eux des degrés d'importance
et de nécessité (l'instinct du sexe est moins impérieux que celui de la faim, et celui de la sociabilité l'est moins que les deux autres), on conçoit
qu'il doive exister une pareille gradation entre
les passions elles-mêmes. Celles qui sont issues
des deux premiers instincts sont plus exigeantes
et plus implacables que celles de l'instinct social. On les voit dominer dans la première
moitié de la vie des individus, ainsi que dans
les sociétés primitives. Les peuplades barbares
se combattent pour assurer leur nourriture et
leur existence propre; les premiers Romains
font la guerre aux Sabins pour avoir des fem-
mes. Il faut, au contraire, une civilisation
avancée pour décider un peuple à se battre

pour la patrie, pour la religion, pour l'honneur. C'est encore en vertu de la même loi
naturelle des choses que les passions se succèdent et se remplacent. L'amour a disparu
chez le vieillard, et l'instinct de la propriété y
est devenu l'avarice. La même pensée a été exprimée par Pascal dans son beau et naïf langage : « Qu'une vie est heureuse, quand elle
commence par l'amour et finit par l'ambition !
Si j'avais à en choisir une, je choisirais celle-
là. »

Si, tenant compte des notions qui précèdent,
l'on associe et l'on combine, d'une part les éléments qui constituent la passion, et d'autre
part les conditions qui la modifient, on arrive
à comprendre le tableau toujours changeant,
souvent étrange, et parfois admirable des passions humaines. Les organes en fournissent la
source ; l'esprit les complète et les achève. Il y
a par conséquent association entre le corps et
l'esprit, et l'association donne ici pour résultat,
ou pour produit, l'ensemble des actes moraux
que l'on désigne généralement sous le nom de

cœur. Le cœur existe pour les nations comme
pour les individus, et il embrasse tout ce mélange de sentiments et d'impulsions dont se forment les mœurs. Les impulsions organiques
étant puissantes, en même temps que la volonté
est sans énergie morale, les passions des deux
premiers groupes restent voisines des instincts,
ainsi qu'on le remarque dans l'enfance, dans la
jeunesse et au sein des populations barbares.
Avec les mêmes impulsions et une grande fermeté ou élévation d'esprit, la lutte donne le
spectacle des grandes actions et des hautes
vertus. Dans les sociétés avancées, les passions
dérivées de l'instinct social, qui sont de beaucoup les plus nombreuses, se multiplient, se
mélangent et produisent une trame complexe qui
est une partie importante des civilisations. Ici,
les modifications sont telles, les combinaisons
si variées, les effets si déguisés, que l'on a de
la peine à remonter aux sources primitives. Et,
ce qui augmente la diffusion, le mélange infini
des causes impulsives, c'est qu'à côté des passions nées des instincts et des appétits natu-

rels, se juxtaposent des passions artificielles et des appétits factices, créés par la satiété, par l'épuisement des sens et par l'âpre désir de substituer des sensations nouvelles à celles que ne donne plus la nature. Ces besoins factices arrivent même à être aussi impérieux que les véritables. Tel individu aimera mieux se priver de manger que de fumer, comme tel autre voudra jouer toujours, au risque de ruiner sa famille et de perdre son honneur. Pour avoir un exemple saisissant des modifications que peuvent subir les instincts, que l'on considère celui du sexe, qui est fondamental et de premier ordre. D'incitation organique qu'il est dans la brute, il s'élève chez l'homme et donne lieu au choix, à la préférence, à un désir exclusif pour une personne. En s'élevant encore, il produit l'amour qui est capable d'ennoblir l'âme et de la rendre poétique et généreuse. Puis, au-dessus de ce degré, qui ne s'oppose pas aux satisfactions permises, l'instinct sexuel est souvent combattu par la volonté, par l'honneur, par la religion, par le devoir, à ce point que l'esprit en fait alors le sacrifice complet. Et vis-à-vis de ce triomphe de la volonté sur l'organisme, on voit, sous la dépendance du même instinct, les sens l'emporter sur le sentiment moral, le supprimer bientôt, et se déchaîner dans une suite sans règles et sans limites d'excès, d'abus, de perversions, de déviations qui ne sont pas moins détournées du but primitif de l'instinct naturel et vrai, que ne lui est opposé le renoncement volontaire et absolu lui-même.

Nous dépasserions notre rôle, en accusant davantage les traits de ce tableau. Il doit nous suffire d'avoir montré deux choses : en premier lieu, que les impulsions organiques, parvenues à notre esprit, deviennent, sous son action et par son intervention, les passions qui se partagent en trois groupes, subordonnés aux trois instincts primordiaux que la nature a mis en nous ; en second lieu, que les passions se combinent, se modifient, s'engendrent les unes les autres, s'accroissent par l'addition de tendances artificielles, se mêlent à des habitudes, à des appétits factices, et que de cet ensemble sort l'immense réseau d'intérêts et de mobiles qui constitue la trame d'une civilisation raffinée. Au sein des sociétés avancées ou vieillies, les défauts, le vice, la vertu elle-même, pénètrent les actions des individus ou des masses, de manière à composer la moralité moyenne; et parfois l'on voit surgir entre les classes sociales, ou entre des nations diverses, des colères et des luttes qui amènent des révolutions, des guerres civiles, des guerres de conquêtes. Or, toutes ces nuances infinies de désirs qui invitent, d'affections qui attirent, d'impulsions qui poussent, de haines qui repoussent, entretenues et avivées par la difficulté de vivre, par la concurrence effrénée, et d'où naissent souvent le mal et le crime, plus rarement le bien et le dévoûment, tout cela a sa source dans l'union de notre corps avec notre âme, et l'œil attentif du philosophe peut discerner les anneaux de la chaîne qui, par un bout, plonge dans les organes, pour s'élever, par l'autre extrémité, à l'entendement et à l'esprit.

VII

Union et jonction de l'esprit avec le corps. — Cette union se fait au moyen du système nerveux et de la sensibilité.

Cette association entre les organes et l'esprit que viennent de nous montrer les passions, cette sorte de contact psycho-organique, s'il est permis d'employer une telle expression, n'est pas le seul rapport de ce genre qui existe, et il se retrouve dans tout le domaine de la sensibilité, dans ce que l'on appelait autrefois en philosophie : *les sens*. Pour nous faire comprendre ici, une explication est nécessaire, et l'explication elle-même a besoin d'un exemple.

Un liquide brûlant touche ma main. A la suite, une impression a lieu sur les extrémités des

nerfs de ma main ; cette impression est trans-
mise par les nerfs au cerveau, et ici elle est
perçue, ou, ce qui est la même chose, connue
par mon esprit, qui la juge douloureuse. Ou
bien mes yeux voient un portrait : l'image peinte
fait sur ma rétine une impression qui est con-
duite au cerveau par le nerf optique, et mon
esprit, percevant ou connaissant cette impression sous forme d'image, juge que le portrait
est ressemblant ou ne l'est pas. Dans les deux
cas, *il y a eu sensation,* c'est-à-dire un acte
accompli avec le secours des sens, et par lequel
mon esprit a senti ou connu quelque chose. Les
deux premières parties de la sensation dépendent uniquement du sens ; la troisième est un
acte de l'esprit. Les trois parties sont également
nécessaires, car la sensation ne s'achèverait pas
si l'endroit touché par l'eau brûlante était altéré
ou détruit, si le nerf qui va de la main au cerveau était coupé ou malade, si l'esprit était ab-
sent, comme il l'est dans un sommeil profond,
dans le délire, dans le coma. On voit donc quel
est dans la sensation le rôle des organes qui sont

ici les nerfs, quel est le rôle de l'esprit, et il faut ne pas oublier que l'esprit n'exerce pas sa faculté de sentir si le système nerveux ne lui prête pas son concours. L'acte de la sensation appartient donc en partie à ce que l'on appelle en physiologie la *sensibilité*. Conséquemment, il y a encore ici alliance ou jonction entre le corps et l'esprit. Le premier fournit la matière aux sensations en ouvrant les portes du dehors ; le second recueille les impressions des sens, les perçoit, ce qui veut dire les connaît ou les sent, et il en résulte ou un sentiment ou une connaissance, ou bien les deux.

Le terme de la sensation dans l'homme rencontre donc l'esprit, qui agit sur elle comme nous avons vu qu'il agissait sur un autre département de la sensibilité, l'instinct. Mais la présence de l'esprit n'est pas nécessaire pour que la sensation soit complète, ainsi qu'on le voit dans les animaux qui ont des sensations par le seul exercice du système nerveux et de la sensibilité. Celle-ci n'est donc pas pour nous, plus que l'instinct, un don spécial. Elle est une propriété de nature animale à laquelle l'esprit peut s'allier, et même avec laquelle il est en communication. De sorte que, d'une part, l'esprit en reçoit des informations, des connaissances, et que, d'autre part, il réagit sur elle en la développant et l'augmentant. On sait quelle étendue nous pouvons donner à l'activité des organes des sens, tandis que les animaux n'y ajoutent rien.

A côté de la sensibilité est le *mouvement,* qui a beaucoup d'analogie avec elle, car il a également besoin pour s'exercer du système nerveux, et, comme les sens, il existe chez les animaux. Aristote en avait fait une des parties de l'âme de la vie et ne le plaçait pas dans l'entendement. Notre esprit a pouvoir sur la faculté motrice, en ce qui concerne les mouvements volontaires ; mais il n'est pas vrai qu'elle soit une faculté de notre esprit, bien que des métaphysiciens l'aient cru et pensé (1). Elle est plutôt encore une qualité, une propriété du système nerveux, avec des nerfs qui la conduisent, un centre ou des centres dans

(1) Adolphe Garnier, *Traité des facultés de l'âme.* — Émile Saisset est du même avis.

le cerveau, et notre esprit n'est en rapport avec
elle que parce qu'il est averti de ses actes et
qu'il peut les produire avec l'intervention de sa
volonté et de son moi. Le mouvement appartient
donc au corps plus complètement encore que la
sensation, et l'ancienne philosophie avait eu raison de le placer dans le domaine des sens.

Si maintenant l'on rassemble ces choses diverses, l'on découvre que plusieurs qualités, ou
plusieurs dons, existent à la fois chez les animaux et dans l'homme. Ce sont : la sensation,
le mouvement, l'instinct, l'affection, le désir ou
un penchant pour s'approcher de ce qui est bon,
s'éloigner de ce qui est nuisible. Tous ces dons
sont l'accompagnement inévitable de la vie arri-
vée au degré animal, et sont distribués inégale-
ment dans la série zoologique, suivant les espèces
et le degré de leur perfection. Ils devaient donc
persister dans l'homme, et ils sont en lui la
survivance de l'animal. Mais, au lieu de rester
en nous au degré naturel et inférieur, comme
dans la brute, tous ces dons, par la présence
de l'esprit et de la raison, se modifient et s'élè-

vent. Nous avons déjà vu cette influence de
l'esprit sur l'instinct et les affections ; on pourrait faire un pareil tableau pour le cercle entier de la sensibilité ou des sens.

Puisque tout le domaine de la sensibilité appartient à notre corps, et que notre esprit lui
est mêlé, ce mélange fait comprendre comment
les anciens ont pu donner le même nom à l'âme et
à la vie, et comment ils ont pu être embarrassés
pour placer la limite entre l'une et l'autre. La
difficulté est encore aujourd'hui présente, et on
l'aperçoit clairement dans les meilleurs ouvrages
de philosophie moderne. M. Franck met la sensibilité au nombre des facultés de l'esprit, et
M. Garnier, qui l'en exclut, pour ne conserver
que la perception, y range la faculté motrice.
La confusion des idées a passé dans le langage,
et l'on voit tous les jours appliquer à l'esprit
des mots qui ne conviennent qu'au corps. On
dit que l'esprit a des impulsions instinctives ;
que tel homme a l'instinct du beau, du juste ;
qu'un autre a le sens de la divinité, de l'infini.
Aucune de ces expressions n'est à sa place. Il

y aurait bien d'autres exemples à citer, entre
autres ce fait considérable, que les nouveaux
disciples de Stahl, ne sachant où poser la limite,
ont fait remonter le corps entier vers l'âme et
dans l'âme. Toutes ces obscurités de langage et
de doctrine viennent de ce que notre âme, qui
est en réalité un tout, semble composée de deux
parties, à cause de son alliance avec nos organes. Une de ses parties *est présente à notre
corps et unie simplement à lui :* c'est notre
esprit, notre entendement, notre conscience.
Une autre partie *est mêlée à nos organes et attachée à eux :* c'est l'âme proprement dite, mot
qui entraîne avec lui l'idée d'émotion, de mouvement et de quelque chose du corps. Ou, pour
mieux dire encore, et être plus précis, cette
dernière partie de nous-mêmes est ce que l'on
appelle *le cœur* (1), et le cœur est, en effet, une

(1) On peut découvrir et indiquer les motifs qui ont fait
choisir le nom de l'organe central de la circulation pour représenter la partie affective de notre âme. Ces motifs sont au
nombre de deux. Il faut remarquer, d'abord, que dans la pé-
nurie où l'on s'est trouvé, à la formation des langues, on a
toujours manqué de mots pour désigner les choses purement
abstraites. On avait recours à un mot désignant un objet phy-

partie de notre âme. Il y a par conséquent trois mots pour désigner notre personne morale entière : l'esprit, le cœur, et l'âme qui est la réunion des deux. Ne dit-on pas, quand on connaît de quelqu'un son esprit et son cœur, que l'on connaît toute son âme?

Cette division de l'âme en deux parties, précisément parce qu'elle est naturelle et importante, avait frappé les anciens, et ils avaient basé sur elle une doctrine qui, née dans l'enseignement de Socrate, s'est maintenue chez Platon, a été consacrée dans le *Traité de l'Ame* d'Aristote

---

sique, et ensuite par un travail d'abstraction, qui ne s'est fait que plus tard, on a accordé à ce mot deux sens, l'un propre, l'autre figuré. Ce qui est arrivé pour les mots *âme* et *esprit* a eu lieu pour celui de *cœur*, qui désigne au propre l'organe central de la circulation. — Or, il y a eu deux motifs pour préférer le mot *cœur* à d'autres ; d'abord un motif historique, qui remonte à Aristote. On se rappelle qu'Aristote avait cru que les sensations ont leur centre dans le cœur, avec la chaleur vitale; il y avait placé le *sensorium commune.* Cela fut rectifié plus tard. Mais une autre circonstance contribua à maintenir au cœur le rôle qu'on lui avait attribué. Cet organe est sans cesse agité dans les émotions et les passions de l'âme. Il est un avertisseur fidèle et exact de tout ce qui se passe dans notre personne morale, et lorsque notre visage, dompté par la volonté, apaise les mouvements externes, l'oret est restée la croyance du moyen âge et de la philosophie moderne presque jusqu'à nos jours. Dans cette doctrine, l'on admet que la partie contenant les sens, les affections, les désirs, est moins élevée que l'autre, qui est l'esprit pur. A la première partie étaient attribuées les deux âmes inférieures de Platon, la *colère* et la *concupiscence,* ainsi que l'*appétit sensitif* d'Aristote, qui comprenait le mouvement et la sensation. La scolastique ayant préféré les formules du Stagirite à celles de Platon, tout le moyen âge adopta l'âme sensitive, et au XVIIe siècle, Gassendi en

gane central de la circulation bondit ou palpite au dedans de notre poitrine. Il est, par conséquent, un *témoin* de nos affections, et, parce qu'il leur sert de témoignage ou de signe, on a cru qu'il en était le *siége.* Bien longtemps après Aristote, on a donc continué de croire que le cœur participait à notre vie morale ; on a continué de penser avec Platon qu'il était le centre du courage et des nobles sentiments. Et cette croyance, adoptée généralement par tous les moralistes, a été partagée même par Bichat, qui, revenant à toutes les idées anciennes sur ce point, avait localisé dans le cœur l'amour, la force et les passions élevées. Erreur, sans doute ; mais dans l'âme proprement dite, qui est un résultat de l'union de notre esprit avec nos organes, il y a un tel mélange de choses, qu'une analyse déliée est nécessaire pour contrôler et vérifier les premiers aperçus.

France, Willis en Angleterre, rédigèrent de nouveau le code des âmes. Leur âme sensitive em-
brassait le cercle entier de la sensibilité et du
mouvement, et Willis a soin de dire que cette
âme, qui est celle de la vie, est aussi celle des
bêtes, et qu'elle est corporelle et périssable : il
y met un grand nombre de facultés intermédiaires à l'âme et au corps, telles que la mémoire, l'imagination, l'imitation, l'habitude, etc.
Descartes n'a pas fait autre chose que suivre la
même doctrine. Précisément parce que son âme
est la pensée pure, il en a rejeté tout ce qui
tient au corps : le désir, l'émotion, la passion.
Quels efforts il fait pour se passer des sens, de
même qu'il avait voulu se passer de la vie; et
quels efforts pour produire mécaniquement, au
moyen des esprits animaux, tout ce qui est du
ressort de la sensibilité ! Il ne prévoyait pas que
ces esprits animaux, qu'il faisait survivre à l'âme
sensitive, se transformeraient plus tard en fluide
nerveux, en force nerveuse, pour devenir aujour-
d'hui la propriété spéciale du tissu nerveux, qui
est le principal ministre de l'âme ; ou plutôt il

leur accordait le même rôle, sans savoir qu'il
ne faisait que copier les vertus de l'âme sensitive ; car c'est une chose étrange, combien, à
travers toutes ces transformations de théories et
de doctrines, l'erreur et la vérité se mêlent, ni
l'une ni l'autre ne pouvant tout à fait ni triom-
pher ni périr. Au fond, quelle est la valeur de
cette division ancienne? A-t-elle une simple
importance historique, ou a-t-elle une base dans
la réalité?

Les anciens ont encore aperçu ici une part
de la vérité; mais cette vérité, pour devenir
visible, a besoin d'être dégagée de ses voiles.
L'homme, étant un être mixte, a besoin d'un
point d'union et de contact entre les deux éléments qui le composent. Où est ce contact entre
le corps et l'âme? Il n'est pas dans ce fait que,
pour se manifester, l'esprit a besoin du cerveau.
Ceci est un fait premier, de la nature des
choses, en quelque sorte, qui ne donne pas la
clé de la question. Pour trouver cette clé, il
faut découvrir dans l'esprit une faculté qui ait
pour *essence d'être en communication avec le*

corps. Or, cette faculté n'est pas difficile à découvrir parmi celles de notre entendement. Ce
n'est point la volonté, ni le jugement, ni d'autres que l'on pourrait citer. C'est la faculté qu'a
notre esprit de percevoir l'objet des sensations,
ou autrement *la faculté de sentir.* Cette faculté
de sentir, qui appartient à notre esprit, le met
en communication avec le monde externe et
aussi avec nos organes, avec notre propre corps.
De ces deux sources viennent la connaissance
que nous acquérons de toutes les choses du
dehors, au moyen des sens externes, et les impulsions apportées de nos propres organes par les
sens internes, sous le nom d'appétit, d'instinct,
et, par suite, les affections et les passions.

Voilà donc une faculté de notre entendement
en contact réel avec les organes. Et cette communication même est obligatoire, indispensable,
attendu qu'elle fait partie de l'essence de la
faculté de sentir et que sans elle cette faculté ne
serait pas. La nécessité d'une pareille communication n'existe point pour les autres facultés
de notre esprit. Par exemple, la volonté s'exerce

à la suite de sensations, mais elle peut s'exercer
sans elles et en dehors d'elles. Par conséquent,
c'est bien par la voie précédente, et même uniquement par cette voie, que s'établit l'union
entre l'esprit et ce qui n'est pas lui, entre le
moi et notre corps ou le monde externe. Le
moyen organique pour cette communication
étant le système nerveux, et la fonction organique qui y est employée étant la sensibilité, on
comprend ce que l'on doit entendre par le domaine de la sensibilité et des sens. Dans la
réalité, il n'y a point deux parties dans l'âme, et
l'esprit est un. Ce qui appartient aux sens n'est
pas dans l'esprit, mais pénètre dans l'esprit par
la communication ouverte au moyen de la sensibilité ; et de même l'esprit réagit sur le dehors
par la même voie. Entre le dedans et le dehors,
entre le moi et le non moi, il y a donc les sens
(ou le système nerveux et la sensibilité), qui
vont de l'un à l'autre, faisant la chaîne, et c'est
dans cette chaîne que le corps et l'âme se joi-
gnent, et, pour quelques-uns, semblent se confondre. Ils se confondaient un peu pour la phi-

losophie sensualiste ; ils se confondent tout à fait et s'identifient pour la philosophie positive. La philosophie de Platon, d'Aristote et du moyen âge avait aperçu cette union et en avait senti l'importance. Mais, voulant rester fidèle à ce que nous appelons aujourd'hui le spiritualisme, cette philosophie avait admis deux parties dans l'âme, l'une immatérielle et immortelle, l'autre localisée dans les organes et périssable. C'était là une erreur sans doute, mais une erreur mêlée de poésie et de vérité, comme le sont beaucoup de conceptions anciennes. Et il nous est facile, en laissant à la première âme le rang de pur esprit, et remplaçant la seconde par le système nerveux, de rétablir dans les mots la vérité qui est dans les choses.

VIII

Différence fondamentale entre l'homme et les animaux.

Nous n'avons pas dissimulé ce qu'il y a de commun à l'homme et aux animaux. Disons maintenant ce qui est à l'homme seul. Ici, nous serons bref, pour des motifs que chacun comprend. L'homme possède ce que l'on désigne sous les noms d'esprit, *mens, animus*, raison, entendement. L'esprit est perfectible; il est superflu quant à la vie; il est libre.

Le caractère de perfectibilité, ou de progrès, est spécial aux facultés de l'esprit. L'âme sentante et affective est à peu près identique dans tous les hommes, ne se perfectionne pas, a été

la même dans tous les temps et est aussi développée chez le sauvage que chez le civilisé, si ce
n'est plus. Par opposition, l'entendement est
perfectible, et c'est son développement variable
qui marque les différences entre les individus,
les temps et peut-être entre les pays, les races
et les formes de gouvernement. Là est le terrain
de l'éducation, que l'homme modifie, améliore,
quand il marche vers le bien ; là est la source
des arts, des sciences, de la civilisation, toutes
choses, on le sait, qui ont été refusées aux animaux et auxquelles ils n'atteindront jamais.

L'animal est tout entier occupé à vivre et ne
s'intéresse qu'à ses organes et à ses sens. Cet
attachement même qu'il a pour nous, et dont
on lui fait un si grand mérite, il l'a pour les
seules personnes qui lui ont été utiles, comme si
la cause obligée de sa reconnaissance était dans
un premier bienfait reçu. L'homme a en lui
deux qualités supérieures : il aime et il comprend l'idéal ; il aime et il comprend la science.
Par l'idéal, il s'approche de l'inconnu, du sur-
naturel, de l'infini, qui l'attirent, le captivent

et l'intéressent noblement, malgré la défense
d'une école philosophique qui voudrait supprimer la métaphysique. C'est par ce côté qu'il
s'élève le plus, que, par exemple, il conçoit le
bien suprême, qui est d'aimer celui qui n'est
pas utile, de pardonner à celui qui a fait le
mal. Par ce côté encore il veut savoir la vérité
sur lui-même et sur toute chose, car la science
est l'aliment de son esprit, comme le bien est
l'aliment de son cœur. Il découvre la nécessité
d'une cause au-dessus de lui, et s'efforce de
comprendre cette cause, ce qui est l'objet de la
théodicée et de la religion. Il sent qu'il y a des
idées absolues, l'idée de ce qui est bon, de ce
qui est juste, de ce qui est beau, de ce qui est
vrai, et il y puise le fondement de la morale,
de la justice, de l'art, de la science. Voilà des
dons qui sont à l'homme seul. Puis, comme il
est un animal joint à un esprit, il lui faut entendre les cris de son corps, en même temps
qu'il écoute les inspirations de son âme. L'accord n'est pas toujours entre ces deux sortes
d'influences, et lui-même est sollicité, entraîné

en des sens divers ; de façon que, soit pour satisfaire aux exigences matérielles et animales,
soit pour suivre les sentiments élevés de son
esprit, il se livre à mille efforts qui l'agitent et
le jettent dans une activité mentale sans trêve,
sans bornes. Il devient forcément le théâtre d'une
lutte, parce que rarement les deux influences
contraires se font un équilibre juste. Cet équilibre est indispensable pourtant, entre le corps
et l'âme, et quand il n'est pas obtenu, il y a
souffrance ; quand il est rompu, cette rupture
peut amener les suites les plus graves. C'est
alors qu'on voit naître deux choses inconnues
de l'animal. Parfois l'homme se tue ; il détruit
la vie de son corps. Parfois il devient fou, et
son âme malade, presque morte, continue d'être
attachée à son corps resté vivant. Sans doute
l'animal échappe à ces deux malheurs ; mais la
possibilité de les subir est un signe d'élévation
et de noblesse, et la raison ferme et libre peut
les écarter de nous.

Car l'homme est libre. Il a ce don glorieux et
funeste de connaître le bien et le mal, de pou-

voir faire l'un et l'autre. Souverain d'un corps qui souvent se révolte, même lorsqu'il est vaincu par la passion et par les impulsions organiques, il mesure le combat et connaît sa défaite, ce qui est encore un signe de sa liberté. Ayant la certitude qu'il est différent de sa demeure, laquelle lui est tantôt un compagnon utile et tantôt une entrave, il croit à l'immortalité, la désire et l'espère (1). Au milieu des changements de son corps, il se retrouve le même au fond de sa conscience ; son moi est immobile, sa personnalité immuable. Aussi, en même temps qu'il est libre, il est responsable. Considérez maintenant

(1) L'universalité d'une croyance ne suffit pas pour qu'elle soit justement fondée. Le soleil ne tourne pas autour de la terre, malgré l'opinion qu'on en avait. Et si une croyance portant sur des objets physiques est renversée, le monde en prend aisément son parti. Pour une idée touchant aux choses morales, il n'en est pas de même, lorsque cette idée est devenue le désir de l'humanité entière. Renverser ce désir serait bouleverser tout notre être moral ; et l'on peut croire alors que son universalité est un motif de plus pour qu'il soit juste. Toutes les nations anciennes ou modernes, même les plus sauvages, ont cru à la survivance de notre âme ou de quelque chose de notre personne. On peut voir dans la grande physiologie de Burdach la liste infinie des formes qu'a prises cette croyance. (Trad. franç., t. V.)

11.

la distance qui est entre lui et la brute, et
quelle différence les sépare !

Nous avons marqué et suivi pas à pas les
liens qui existent entre les organes et la partie
sentante de notre âme, liens qui sont si visibles
et si étroits, que la science peut espérer de les
connaître. Y en a-t-il également entre le corps
et le moi conscient et libre? Voici des faits qui
prouvent qu'il en existe. Lorsqu'un ramollisse-
ment ou un caillot de sang déchirent la substance cérébrale, l'entendement est voilé. Il se voile
aussi dans l'ivresse ou dans le sommeil *anesthé-
sique*, lorsque l'alcool, l'éther ou le chloroforme,
ayant pénétré dans le sang, se trouvent mêlés à
la matière de l'encéphale. Ces faits et d'autres
démontrent que la pensée, pour agir, a besoin
du cerveau et de l'intégrité du cerveau, intégrité
qui peut être atteinte directement ou indirecte-
ment, lorsque certains organes du corps trans-
portent à l'encéphale, par sympathie ou par
action réflexe, leur maladie. Cette vérité, de tout
temps reconnue, a été nettement exprimée dans
cet adage latin : *mens sana in corpore sano*. Il

y a donc une dépendance entre le cerveau et
l'entendement, le premier étant nécessaire à la
manifestation du second dans l'homme, qui n'est
ni un corps ni un esprit, mais un corps et un
esprit joints ensemble. Mais cela établi, et accordé, il y a des différences entre cette union
de l'esprit et du cerveau, et celle qui existe entre
l'âme et le domaine de la sensibilité. La sensibilité, on l'a vu, envoie à l'âme des impulsions
qui la troublent ; de plus, on peut essayer de
déterminer quel est le siége de la perception
des sensations (les couches optiques peut-être),
quel est le siége des centres de mouvement. On
ne saurait avoir la même espérance pour découvrir le siége de la volonté, de la conscience. La
partie de l'âme en communication avec la sensibilité est émue à chaque instant, et, dans ses
rapports avec les organes, reçoit des incitations
qui ne sont jamais indifférentes. C'est le contraire pour l'entendement. Il se sert des nerfs,
de l'ouïe, du toucher, de la vue, pour connaître;
il compare, juge, raisonne, réfléchit, sans
qu'aucune autre partie que le cerveau prenne

part à ce travail interne ; et même quand il se
décide, quand la volonté agit, elle donne des
ordres au corps et n'en reçoit pas. On se trompe
quand on admet que la volonté de l'homme est
enchaînée par ses organes, qu'il est obligé de
céder à leur impulsion instinctive et victorieuse.
Dans les actes les plus impérieusement com-
mandés par les besoins du corps, dans la souffrance horrible de la faim, dans les désirs vio-
lents de l'instinct sexuel, la liberté ne périt pas;
elle est assez forte pour résister. La femelle
affamée dévore la pâture plutôt que de la donner à son petit ; mais la mère meurt de faim à
côté de son enfant, qu'elle préfère sauver. Elle
a des instincts, sans doute, mais elle a la raison
qui la guide, et, il ne faut jamais l'oublier, dans
l'état vrai des choses, la raison est plus forte
que le corps. Ne sait-on pas que, si le contraire
arrive, si l'instinct est le maître, il y a un mot
pour désigner cet état ? L'homme devient fou
alors ; l'animal ne peut pas le devenir.

IX

L'alliance qui existe entre l'esprit et le corps a lieu directement,
sans intermédiaire.

Notre intention étant surtout de présenter un
tableau historique, nous ajouterons, en termi-
nant, quelques mots sur deux opinions anciennes. Bien que la philosophie grecque ait
mêlé, sinon confondu, l'idée de l'âme avec celle
de la vie, ses représentants les plus illustres ont
séparé l'entendement de l'organisation et l'ont
attribué à une âme spéciale, à un principe distinct, immatériel et immortel. Si Aristote a été
moins élevé, moins poétique, peut-être un peu
moins affirmatif que Platon sur ce sujet, son
assentiment au spiritualisme doit avoir pour la

postérité plus de valeur que celui de son maître.
Car Aristote avait en quelque sorte goûté au
fruit défendu, à la science du bien et du mal,
par ses connaissances en histoire naturelle et en
biologie, et son vaste génie avait pu puiser la
lumière à toutes les sources d'où l'on voudrait
faire sortir aujourd'hui la ruine du spiritualisme. On peut donc affirmer que la philosophie grecque a eu une connaissance exacte et
claire de la séparation qu'on doit établir entre
l'âme pensante et l'organisation. Le moyen âge,
qui eut presque tout à recommencer, retrouva
péniblement la notion du spiritualisme, et plusieurs Pères de l'Église (1) semblent avoir admis
que l'intellect et la raison appartiennent à un
élément matériel subtil. Après les Arabes, qui
apportaient un Aristote défiguré, et la Renaissance, qui put enfin étudier Platon et Aristote
dans leurs propres écrits, les idées se fixèrent
un peu plus, et un mouvement marqué se fit
vers le spiritualisme. Mais de là même suivit un

(1) Tertullien, certainement.

autre excès, que l'antiquité n'avait pas connu.
Presque toujours d'accord, à leurs débuts et
dans leurs tâtonnements, la physiologie et la
philosophie, appuyées sur le dogme de l'inertie
de la matière, en établirent un autre en vertu
duquel ce qui est substantiel et incorporel ne
peut agir sur ce qui est corporel, et réciproque-
ment. De là vint la nécessité d'avoir des intermédiaires entre l'organisation et l'âme, et de là
le rôle que l'on attribua aux âmes organiques et
aux esprits. Or, la conception entière était fausse.
D'abord, les agents étaient imaginaires, et nous
les avons vus périr tour à tour, pour ne laisser
à leur place que la seule propriété nerveuse de
la sensibilité. Ensuite le dogme est faux lui-
même, car au lieu que l'esprit ne puisse communiquer avec les organes, c'est précisément le
contraire qui a lieu : *il communique avec eux
sans intermédiaire.* L'esprit agit sur le corps
directement, de même que nos organes agissent
directement sur lui. Par exemple, quand je veux
remuer mon bras, ma volonté en donne l'ordre
purement, simplement. Lorsqu'un objet placé

devant mes yeux envoie son image à mon esprit,
elle y arrive encore directement. Ce qui agit
alors, ce qui est l'intermédiaire ou le trait
d'union, c'est le système nerveux. L'esprit agit
immédiatement sur le cerveau, et le cerveau
transmet immédiatement à l'esprit les impressions des sens. Cela est un fait clair, évident,
incontestable, indiscutable. Et cette conclusion,
à la fois capitale et simple, à laquelle on arrive
quand on étudie ensemble la biologie et la psychologie, et que vérifie l'expérience de tous les
instants, est bien ce qui surprendrait le plus
l'illustre auteur de l'*Harmonie préétablie.* Quelle
distance entre ce fait expérimental et le système
de l'*incommunicabilité des substances* de Leibnitz!
Et quels détours il a fallu prendre pour revenir
à la vérité! Nous disons pour revenir à la vérité, car la prétendue incommunicabilité n'avait
ni embarrassé ni arrêté les anciens. La forme
ou l'entéléchie d'Aristote, les âmes de Platon,
même l'intellectuelle, agissaient sur le corps directement, comme nous l'admettons ici. C'est le
moyen âge et la scolastique qui ont introduit ce

problème, avec tant d'autres, en philosophie, en discutant sur des mots et se détournant des vérités simples pour embrasser des fantômes logiques.

La sensibilité, propriété et fonction organiques, est donc le moyen qui unit le corps à l'âme; elle représente l'animal en nous, et, par son rôle, elle est l'agent de tous les besoins du corps et le ministre des ordres de l'âme. Placée comme un lien entre deux natures, elle devient la source de troubles et de maladies qui retentissent aux deux extrémités de la chaîne. Son domaine est presque un royaume; et, ainsi qu'on le sait, elle ne reste pas toujours un intermédiaire docile entre notre volonté et nos organes ou le monde externe. Elle devient une puissance avec laquelle l'esprit est obligé de compter. Aussi, est-ce un devoir pour chacun de nous d'en surveiller, d'en régler l'exercice, et ce serait le cas encore d'appliquer cet axiome, que l'âme, pour jouir d'elle-même, a besoin d'un corps sain.

En résumé, la vie est un déploiement de
forces. A cause de cela même vient un moment
où il y a, suivant la parole de Montesquieu,
« impuissance d'être, » et l'on peut dire que
chaque germe a en lui la raison de sa mort. A
force de durer et de servir, les organes s'usent;
leurs propriétés diminuent, puis s'éteignent. Si
l'homme jeune croit à la durée d'une existence
qu'il possède pleinement, la science aussi bien
que l'expérience commune pourrait lui apprendre
dre que sa vie s'épuisera. Pour que Descartes
eût l'espoir de vivre cinq cents ans, ainsi qu'il
en a donné l'assurance à plusieurs reprises (1),
il fallait qu'il s'appuyât sur une mauvaise théorie
rie et qu'il assimilât la cause de la vie « au
ressort des montres et au poids des horloges. »

Il y a deux manières de mourir. Par hasard,
par accident et maladie ou par sénilité. Notre
organisation est tellement compliquée, que mille

(1) Voir ce que dit Baillet dans sa vie; voir spécialement
deux lettres de Descartes à de Zuytchlichem, datées d'Eg-
mond, 1638.

causes fortuites l'arrêtent ou la détruisent avant
sa fin naturelle. Nous ne devons parler que de
celle-ci et par un dernier mot. De tout ce qui
nous compose, quelle partie périra la première?
Ce ne sera pas la vie organique ou végétative,
parce qu'elle est à la fois la plus vivace et la
base même de la vie. Ce ne sera pas non plus
la manifestation de l'esprit, nous le verrons
bientôt; ce sera ce qu'on appelle la vie animale,
c'est-à-dire le domaine de la sensibilité. Les
sens s'émoussent, d'abord ceux qui servent à
l'intelligence, l'ouïe la vue, puis le toucher. Le
goût persiste peut-être le dernier; beaucoup de
vieillards restent gourmands. Les mouvements
diminuent de même, lentement, mais chaque
jour. Les instincts deviennent faibles; celui du
sexe a disparu de bonne heure; les passions
ne dominent plus et faiblissent; celles de l'esprit seules conservent une certaine force, l'ambition, et une dernière, l'avarice, qui semble
avoir pour but de prolonger la vie, en assurant
les moyens de vivre. Les affections s'usent et
s'en vont une à une; le vieillard voit mourir

sèchement ceux qui l'entourent, ses plus pro-
ches, ses enfants; il se retire en lui-même; ce
qu'il veut, c'est vivre. En même temps, sa mémoire des choses présentes se perd, son imagination s'éteint, l'association des idées n'existe
plus; les habitudes règlent presque toutes les
fonctions; le sommeil remplit les jours. Que
demande le vieillard? Manger, dormir, se pro-
mener pour remuer ses membres, faire circu-
ler son sang et entretenir sa chaleur. On le sait,
et on l'a dit mille fois, il redevient enfant. Voilà
les degrés de sa chute. Or, qu'est-ce qui périt
dans cette dégradation? C'est tout ce qui constituait l'animal. Il y a bien des pertes dans l'âme;
mais c'est du côté des facultés que les anciens
plaçaient dans l'âme sensitive : les passions, la
mémoire, l'imagination. L'entendement lui-même
persiste, bien que ses portes sur les dehors soient
closes. Non seulement certains vieillards ont
une grande force intellectuelle, ce qui est une
exception, tous conservent l'entendement à un
degré beaucoup plus complet que l'ensemble
des facultés animales. Ils ont de la volonté, le

sentiment du devoir, celui de l'honneur; ils ont du jugement, de la justesse dans l'esprit. Il est certain que l'animal a presque disparu en eux, tandis que l'entendement se maintient, malgré les ralentissements dans la circulation du cerveau, l'épaississement des membranes qui enveloppent les circonvolutions cérébrales. A côté de la flamme vacillante qui entretient la vie du vieillard, brille avec un plus vif éclat l'esprit pur, qui est plus grand et plus vivace que sa demeure en ruines.

Enfin, ce corps ne peut plus vivre, même à la manière du végétal ou de l'enfant. Rarement il va jusqu'à sa fin naturelle. Un léger hasard, apportant une petite cause de maladie, donne une secousse, et l'un des rouages importants s'arrête. Le jeu du cœur, depuis longtemps gêné, se suspend, ou une rupture se fait dans le cerveau, ou les poumons s'engouent. Il y a des bruits respiratoires ; puis le souffle s'exhale une dernière fois, signal de la fin, comme un premier souffle inspiré avait été le signe du commencement. Et devant cette fin, l'esprit a

souvent toute sa présence. Chose étrange même,
le vieillard, qui semblait égoïste et ne vivre que
pour lui-même, meurt souvent sans regret,
doucement, quelquefois avec une sorte de satisfaction, comme s'il savait que la vie ne vaut
pas d'être regrettée, ou qu'il revivra ailleurs.

X

Conclusion. — Il n'y a point d'âme pour la vie, et l'animisme vital doit être rejeté. — L'homme est composé d'un corps et d'un esprit ; par conséquent, il est un animal raisonnable.

Peut-on conclure ? Assurément, et il y a des conclusions manifestes. La physiologie a marché depuis Descartes, et il faut admettre que la vie est *une activité propre de la matière organisée.* Quoique composée des mêmes éléments que la matière générale, et ayant acquis par son arrangement et la complexité de ses combinaisons des propriétés spéciales, cette matière organisée, qui est le *substratum* des êtres vivants, est soumise aux lois générales et à des lois particulières, lesquelles toutes s'accordent pour donner, par leur fonctionnement, la vie. La vie est la cause vraie de tout ce qui a lieu dans les animaux, de leurs instincts, de leur intelligence incomplète et sans liberté; même, il n'y a d'âme d'aucun degré pour la vie ou pour la brute. Jusqu'à ce point, Descartes a pleinement raison. Il a tort, à l'égard du monde et de la création, quand il méconnaît ce que l'organisation a de profondément particulier; il a tort surtout, fondateur d'une philosophie de l'homme, quand il ne sait pas voir que l'homme est vivant, et que, pour le former tel qu'il est, le créateur a associé l'âme avec la vie. Puis, ayant eu ces torts, son grand esprit ressaisit la vérité quand il affirme qu'il y a en nous un être libre, indépendant du corps. Cet être, qui est la partie noble de nous, est ce qui conçoit l'idéal, le beau, le juste, le divin; ce qui comprend et réalise le progrès; ce qui est capable de pardon, de sacrifice; ce qui dit : « Je pense » ou bien : « Je veux; » ce qui est libre et a, par suite, des droits et des devoirs. Il est la personne morale, une personne qui se voit et se juge dans sa conscience. En regardant dans ce miroir, on aperçoit non seulement l'homme de Descartes, mais celui de Platon et d'Aristote. Cet homme est libre dans son corps, au sein de ses organes; il est libre tant que la vie persiste; la vie se brisant, il reste libre encore, jouissant sans doute d'une autre liberté. C'est l'homme de l'école stoïcienne, école qui a donné l'exemple et la mesure de la plus grande force d'âme, puisqu'elle se servait de la force seule, sans aide de l'enthousiasme.

L'homme a donc la vie et l'esprit; il est un animal possédant une âme raisonnable; il faut, par conséquent, pour le connaître et le comprendre, savoir distinguer en lui ce qui est de l'animal ou de l'être spirituel, et, de plus, apprécier le résultat donné par l'association des deux. Eternel sujet de controverse! Une partie de la science moderne affirme que l'homme est tout entier un animal, que sa vie est si grande, qu'elle est la source de la raison et de la liberté. Elle se demande si l'homme est libre, et aujourd'hui, comme bien souvent autrefois, ose

12

dire qu'il ne l'est pas. Comme s'il ne suffisait
pas, pour fuir cette erreur étrange, de descendre au fond de soi-même, ou, pour la réfuter,
de dire qu'en formulant ce faux avis : qu'il n'est
pas libre, l'esprit délibère, décide, ce qui est la
preuve qu'il est libre d'aller vers le faux ou
vers le vrai ! En outre, l'on avance que l'homme
n'a pas été créé à l'état d'espèce, qu'il est un
point roulant et mobile dans le monde organique, un produit fatal de lois qui se déroulent à
travers une éternité de siècles. Parmi les savants qui disent ces choses, il y en a qui les
croient; d'autres qui les espèrent ou les dési-
rent; aucun ne les prouve. La science en elle-
même est sincère, respectable, et toute vérité
a droit d'être reçue : car les vérités, toutes,
doivent s'accorder par delà nos discussions et
se réunir dans la vérité éternelle. Mais il se peut
que les savants ne possèdent pas la vérité lorsqu'ils croient la tenir, et l'on doit exiger qu'ils
versent sur leurs conclusions, si elles sont
grandes, une clarté égale à la lumière du jour.

Pour nous, nous disons avec fermeté que

l'homme est formé d'un esprit et d'un corps, distincts, associés et joints ensemble. De leur union résulte un échange de facultés, de services, de misères. L'un est fait pour conduire l'autre, et est vraiment le maître : un seul fait suffit pour le prouver : l'homme se tue. Mais l'association crée des obligations qui ont un caractère mixte. L'esprit est obligé de supporter l'animal, et il peut s'en servir, l'élevant jusqu'à lui, de manière à ne pas descendre de sa noblesse. Ainsi, aux peintures de Raphaël, aux inspirations sublimes de la musique et de la poésie participent les sens. Mais au lieu de se prêter à un usage heureux et fécond, l'animal peut devenir exigeant, se révolter, jeter le désordre, d'abord en lui-même, c'est-à-dire dans le corps, puis dans l'esprit, où il pénètre par le système nerveux et la sensibilité. L'ensemble alors est ébranlé, agité, souffrant, et est la proie de la passion. L'on voit par là, d'un mot, les servitudes, les troubles qui peuvent naître de l'association entre notre esprit et nos organes. Dans tous les actes de l'humanité se trouve

la marque de cette alliance. Chaque individu,
en se conformant aux lumières de sa raison,
développe simultanément son âme et son corps,
d'après les lois ,qui leur conviennent. La civilisation se propose le même but, et sa valeur se
mesure à l'harmonie qu'elle sait établir entre
les besoins physiques et les besoins moraux des
hommes réunis en société. Tel qu'il est, l'homme
est donc double, et si, par orgueil, on voulait
l'oublier, chaque heure de notre vie nous le
rappellerait pour notre moitié inférieure, comme
la voix de notre conscience nous l'atteste pour
notre personne morale.

Par conséquent, c'est mal représenter la nature humaine que de dire, avec deux philosophies opposées : « L'homme est une intelligence servie par des organes; » ou bien : « une
intelligence asservie à des organes. » Sa vraie
définition est celle qui est la plus simple et la
plus ancienne : « L'homme est un animal raisonnable. » Et, s'il est utile, à cause de la difficulté des choses, d'étudier séparément la biologie et la psychologie, il est indispensable,

ensuite, de réunir ces deux sciences, afin de recomposer « le vrai homme. » La même sagesse antique qui nous a appris « qu'il faut que le corps soit sain pour que l'âme soit forte » avait inscrit au fronton du temple de Delphes que l'homme doit se connaître tout entier : γνῶθι σεαυτόν. Revenons à ces préceptes. Ecartons-nous un peu des idées trop exclusives de Descartes, de Jouffroy et de M. Barthélemy Saint-Hilaire, pour avoir le droit de nous éloigner tout à fait d'une doctrine qui, en conservant les facultés de l'homme, supprime l'âme humaine, et essaie, aujourd'hui, de rendre compte des qualités les plus pures et les plus exquises de l'esprit, par les conditions physiologiques. Le spiritualisme est assez fort et assez vrai pour sortir radieux de tous les nuages dont on l'entoure ; mais, on ne doit pas l'oublier, il ne se peut maintenir qu'en étant d'accord avec les autres vérités, particulièrement avec celles de la biologie. Notre but serait atteint si nous avions fait comprendre que cet accord est possible.

12.

TABLE DES MATIÈRES

Orléans, imp. de G. JACOB.

PUBLICATIONS NOUVELLES.

L'administration des finances dans les premières années du règne de Charles VII, Mémoire servant d'introduction au compte des dépenses faites par ce prince pour secourir Orléans pendant le siége de 1428, par M. Jules LOISELEUR............................. 5 fr.

De la mobilité des goûts littéraires, par M. BAGUENAULT DE VIÉVILLE, broch. in-8°.................. 1 fr.

Recherches et fouilles archéologiques sur le territoire de la commune de Sceaux, en un lieu nommé le Pré-Haut. par M. l'abbé COSSON, curé de Boynes, broch. in-8° avec plans................ 1 fr. 50

Jeanne d'Arc, Notice historique servant d'explication aux bas-reliefs du monument élevé sur la place du Martroi, broch. petit in-8°........................... 50 cent.

Liste chronologique des orateurs qui ont prononcé le Panégyrique de Jeanne d'Arc dans la chaire chrétienne, depuis l'an 1460 jusqu'à nos jours, avec la nomenclature bibliographique des éloges qui ont été imprimés, broch. in-8° de 16 pages................................... 50 cent.

Éloge de Jeanne d'Arc, prononcé dans la cathédrale d'Orléans, le 8 mai 1804, en présence de tous les corps constitués de cette ville, publié par J. Pataud, réimpression tirée à 50 exemplaires.............. 2 fr.

Jeanne d'Arc, par Martial DE PARIS, G. CHASTELLAIN, François VILLON et Octavien de SAINT-GELAIS, in-32. 1 fr.

Jeanne d'Arc, cycle poétique du XVᵉ siècle, in-32... 3 fr.

www.ingramcontent.com/pod-product-compliance
Lightning Source LLC
Chambersburg PA
CBHW070528200326
41519CB00013B/2980